人人都是创新者

让你做事更具创意的简单方法

[澳]詹姆斯·奥洛克林(James O' Loghlin)◎著
李雪超◎译

INNOVATION IS A STATE OF MIND

Simple strategies to be more innovative in what you do

人民邮电出版社
北京

图书在版编目（C I P）数据

人人都是创新者 ： 让你做事更具创意的简单方法 / (澳) 詹姆斯·奥洛克林 (James O' Loghlin) 著 ； 李雪超译. -- 北京 ： 人民邮电出版社， 2017.12
ISBN 978-7-115-44499-8

Ⅰ. ①人… Ⅱ. ①詹… ②李… Ⅲ. ①创造性思维 Ⅳ. ①B804.4

中国版本图书馆CIP数据核字(2017)第196699号

版权声明

◆ 著　　[澳] 詹姆斯·奥洛克林（James O'Loghlin）
译　　李雪超
责任编辑　恭竟平
责任印制　周昇亮

◆ 人民邮电出版社出版发行　　北京市丰台区成寿寺路 11 号
邮编 100164　　电子邮件 315@ptpress.com.cn
网址 http://www.ptpress.com.cn
三河市中晟雅豪印务有限公司印刷

◆ 开本：880×1230 1/32
印张：4.75　　2017 年 12 月第 1 版
字数：114 千字　　2017 年 12 月河北第 1 次印刷

著作权合同登记号　图字：01-2016-5104 号

定价：39.80 元

读者服务热线：(010)81055296　印装质量热线：(010)81055316
反盗版热线：(010)81055315
广告经营许可证：京东工商广登字 20170147 号

作者简介

詹姆斯·奥洛克林是一位作家、演说家、喜剧演员，同时也是一位电视台主持人。大学毕业后他成为了企业律师，但很快他发现自己并不适合这个职业，因而转行进入刑法领域并做了六年。他表演单口相声并经常出现在电视和电台的节目中，并且在全国巡回表演。

詹姆斯从2001年开始任职于ABC（美国广播公司）电视台，并在2002年到2007年这五年间主持晚间节目。从2009年到2014年他主持了美国周日晚间秀。

从2005年到2011年詹姆斯在ABC电视台主持了300多场《新发明家》（*The New Inventors*）节目。

他如今致力于为各种组织演讲，与他们合作并帮助他们更具创造力。

詹姆斯已写了六本书，分别是《嗯……公众演讲指导大全》（*Umm…: A Complete Guide to Public Speaking*），《怎样平衡你的生活》（*How to Balance Your Life*），以及写给孩子们的两本儿童读物《不那么勇敢的罗德里克先生历险记》（*The Adventures of Sir Roderick the Not-Very Brave*）和《黛西马隆和蓝色的发光石头》（*Daisy Malone and the Blue Glowing Stone*）。

如今他和妻子还有三个女儿幸福地生活在悉尼。

前言

2004 年 ABC 电视台决定重新开播《发明家》这个节目，并改名为《新发明家》。该节目开播于 1970 年，停播于 1982 年。节目的概念很简单，每周邀请三个发明家把他们的发明带进演播厅并对其进行说明，另外有三位嘉宾会对其发表评论，还有一位主持人确保节目进度。

得到主持人试镜邀请的时候我正在主持ABC的另一个晚间节目。我很想得到这个机会，去主持该节目，主要原因是我觉得这个节目的想法很有趣，可以和很多富有创造力的人接触，另一方面我刚买了一栋房子，背上了很大一笔房贷。

我很幸运地得到了这份工作。在接下来的八年中遇到了澳大利亚数以千计的有各种想法和发明的发明家和创新者。他们发明了各种各样东西，有遇洪水会自动伏地以免被损坏的围栏，让聋哑学生即刻识别老师讲课内容的系统，自动清理落叶的房屋排水系统，可以自动调节桌腿高度以适应不同地面的室外咖啡桌，用回收废塑料制成的木材替代品等很多种东西。

每周节目之前我们都会花很长时间探讨以何种方式向观众展示这些发明。我一有空闲时间就会采访这些发明者，询问他们如何想出这些想法，并一步一步变成现实。我这样做一来是因为我想发现一些有趣的信息可以在节目中使用，二来我个人越来越好奇人们是怎样想出了这样新颖和更好的方式的。

我很好奇发明家和创新者与我们究竟有什么区别。虽然我们都生活在同一个世界里，但是他们似乎更善于发现我们错过的机会，并及时抓住它。他们是怎样做到的？这些创新天才的创造力都是与生俱来的，还是可以后天培养的？

他们和我们区别在哪儿呢？创新者是比我们聪明，还是比我们更具创造力？他们有我们缺乏的那额外的一点特殊的智慧吗？因为如果他们真的是这样，那就让我摆脱困境了。如果成为一个创新者必须拥有一些我没有的天赋，那么就不用因为没有想出一个伟大的发明而自责不已。相反，我可以告诉自己我不是那类人，就像我因为身高不够而没有成为一名专业篮球运动员，这不是我的错。

在《新发明家》节目播出几年后，我想我解决了这个问题。创新者真的和我们其他人不一样吗？答案是否定的。

就我所知，发明家和创新者并不一定是才华横溢、极富创造力的天才或特殊的超人。不可否认，他们中有一些人很聪明，但也有很多人看起来并不比普通人更聪明，却发明了那些令人叫绝的东西。这些人来自各行各业，有建筑工人、护士、商人、卡车司机、银行经理、学生、农民等。

所以我想，如果并非总是因为某种超乎常人的创造力和智力，杰出的发明家和创新者和我们的区别到底是什么呢？为什么他们和我们看到的是同一个世界，却能发现我们所忽略的可以改进可能性？

随着我探究的加深，我开始问更多的问题：

- 创新者是如何确定哪些领域有创新机会的？
- 创新者是采用某种特定的程序来产生创意，还是靠灵光一现？
- 成功的创新者是不是只有好的想法？或者他们有很多的想法，

有好的也有不太好的，如果答案是后者，他们如何区分好的和不那么好的想法？

- 他们是如何下决心去面对将想法变成现实的种种困难的？
- 他们是如何做到这一切而又不至于破产的？

一段时间之后又浮现了新的问题。因为在主持《新发明家》节目之前我为许多机构主持活动。节目开播后这些机构纷纷邀请我去谈谈创新，并给他们提供一些帮助，以使他们的活动更具创造力。

- 为什么很多组织刚开始创新容易，随着规模的扩大，创新却变得越来越难？
- 为什么这些机构的管理者不断强调创新的重要性，却忘记鼓励最佳人选——员工去获得新的想法？
- 为什么这么多员工都觉得创新是别人的工作而不是自己的？
- 一个组织如何创造一种鼓励每个人都创新的文化，并一直寻找方法来改善？
- 管理者如何得到足够多的想法，并确保最终实现的那个是最好的？

《新发明家》共播出了八年，在 2011 年结束。在这期间我们栏目组制作了超过 300 集的节目，并结识 3000 多位的创新者和发明家。随着时间的推移，好奇心使我渐渐发现了发明家们产生新想法并将其实现的特定模式。

在我和一些组织一起工作的时候，我注意到他们很多人把创新当作一种活动，而不是日常工作中固有的一部分。例如，他们会举办创新大赛，鼓励每个人为组织的改进想办法。这种热度往往会持续一个月或更久，但总有结束的时候。

我还注意到，上至 CEO，下至我们每个人，都在谈论创新的重要性。这个词频繁地出现在许多公司的价值观和任务宣言中。许多行业会议的主题也都围绕着创新。但是，尽管创新的重要性普遍被接受，但却几乎没有人告诉我们怎样真正做到这一点。

看来他们的重点主要在动机（我们需要创新）上，而不是方法（怎样做可以让你创新）上。

这是可以理解的。告诉人们创新的重要性容易，但是告诉他们怎样创新却难得多。事实上创新的步骤——可以让个人或组织获得创新的一套步骤，似乎是矛盾的。创新难道不是发生在人们思考系统和流程外的吗?

但是我想，如果有一个创新的工序会不会很好? 如果说有一种方法，可以让人按步骤做就能增加成功创新的机会，那岂不是很棒。

我在录制《新发明家》时，一直在花时间寻找一种创新者常用的模式和步骤，来发现问题和增加创新的机会。我一直在寻找创新的捷径。

现在让我们来讨论你将如何用这个捷径。

在平时的工作中，我们中的大多数人并没有持续地寻找创新的机会。我们将大部分的时间都花在了简单地完成工作而不是找寻能做得更好的方法上。通常我们甚至都不确定自己是否应该创新。一些公司有创新部门，这是不是就意味着创新是他们的工作?

我们常常认为事情就应该以我们现有的方法来做。我们已经习以为常地认为事情只有一种方法来做，而忘记了探索另一种更好的方式。现状就像豆袋一样舒适，一旦你坐在了上面，就很难找到离开的勇气。

但是现状和豆袋却不一样，它更像是一种陷阱。虽然感觉起来它会永远持续下去，但事实却并非如此。

变化贯穿着人类的历史。想想在过去的二十年甚至是十年间，你的工作、公司、行业发生了多大的变化。这些变化都源于永不停止的创新。如果在你看来，现状意味着停在这里，那你真的应该再想一想。不论我们是否愿意，改变都会接踵而至。所以我们更需要准备好，现在比任何时候都更需要我们具有创造力。

本书大致分为两部分。第一部分旨在介绍可以让你做事更具创新性的方法。它概述了一些方法，并给你提供一个新鲜的视角来发现创新的机会并把握机会。随后还讨论了如何运用这些新想法，并从中确定哪一个想法可以付诸实践。

第二部分旨在介绍对于不论大小的组织都适用的，能鼓励每一个成员都具创造力的创新文化。解释了如何让组织中的每一位成员都认为创新是他们工作的一部分，概述了一种方法，可以让管理者获得每一个人对改善组织的想法并找到最好的那个来付诸实践。

最重要的是不要认为自己没法创新，或是你的任何一位同事没法创新。这并不是只有我们中的个别人可以做到的事情，我们每个人都有潜力。创新并不是一种天赋，只是思维的一个状态。

引言

什么是创新？为什么需要创新？

创新有许多的定义，简单来说就是思考出一个更好的做事方式，然后实施它。创新并不代表必须完全新颖或是完全不一样，它可以是任何一种渐进式的改进。它不必是新的产品，甚至不必是产品的一个新功能。它可以是一个组织中任何一个部分的改进，只要它能够让这个组织变得更好。如果你想到了一个办法，可以让一个过程或系统更加高效，这就是创新。举例来说，如果一件事本来需要五分钟完成，但用你的方式可以在四分钟完成同样的任务，这就是创新。

有些人认为创新必须是惊人之举，就像下一代智能手机，其实不然。在任何时间，哪怕只是你做事方式的某个方面有了些许改进，也是创新。事物的某一部分微小的改进随着时间的推移都会带来质的飞跃。你不必将一切都重新发明一遍，你只需要寻找机会，让事情变好一点点。如果你不断保持小小的进步，质变将随之而来。

创新者是引入了新想法、新方法或者新产品的人。说到这儿你可能会想“嗯，那不是我”。其实，那就是你。如果你孩童时期曾想到了一个玩游戏的点子，或是你曾为你的孩子编过故事，或写过故事（哪怕只是故事的一部分），或是即兴想到了去修复你家里东西的一个新方法，抑或是想到了改善你所做工作的一个新点子，那么你就是一名创新者。

下面来讲讲我作为创新者的一个故事（也许并不是那么有意思）。我和我太太曾经养了一只猫，这只猫很喜欢在我俩的床上睡觉。我并不是很喜欢它，因为它很爱打呼噜（我说的是那只猫，哈哈）。所以晚上睡觉的时候我开始锁卧室门。对此，猫会从它的房间的窗户跳出，绕到屋外爬上我们的窗户，然后跳进来。后来我想了一个办法，把它锁在厨房它吃饭的地方。那儿放了给它睡觉用的靠垫，并且没有足够大的窗户能让她爬出去。厨房装的是推拉门，猫特别渴望能和我们挤在床上，就慢慢用身体将屋门蹭开一条缝钻进来。崔希（猫的名字）是一只有创造力和决断力的猫，为了实现它的目标，三番五次地把熟睡的我吵醒。对此，我也想出了新办法，把筷子绑在推拉门和墙之间，门很难被它挤开。这是我的创作，虽略显拙劣，但效果不错。

创新在人类历史中至关重要。环顾四周，你所看到的一切都是人类创新的产物：你坐的椅子，你手中的咖啡杯、电灯、智能手机，你的衣服，还有这本书。它们都是创新的产物。

创新是人类进步的动力。它是我们区别于其他物种的优势。如今企鹅依旧做着一百万年前它们所做的事情。它们也许进化了一点，但它们并没有创新很多。它们依旧按照祖先的方式捉鱼、养孩子、取暖。而我们人类却用截然不同的方式取暖。最早我们取暖靠抖，然后开始点火和做衣服，后来有了房子、壁炉和保温材料，还有燃气和电热器。

创新和发明是不一样的。发明是创造一种产品或是第一次引入某种工序。而创新是对产品或工序的一切逐渐改进。例如，车轮是一种发明，而有人注意到大家厌倦了灰色的轮子而开始给它们漆上红色和黄色的彩条，这就是创新。

几乎每一项发明都有创新紧随其后去改善它。例如，今天的汽车就比五十年前的汽车好了很多。音响系统、跑鞋、烤面包机也是一样。

没有任何一中产品在一两年间有着巨大的改变。然而一系列创新让今天的版本较之前有了实质的提高。我购入每一台新的电脑，都会比之前的那台更轻更薄。每台电脑与其之前版本相比都只有不大的改进，但如果和十二年前的那台电脑相比就是质的飞跃。

仅仅几千年，人类从使用简陋的石器工具演变到如今靠着智能手机、外卖比萨饼和咖啡机生活。我们的祖先担心的是被老虎吃掉，而现在我们天天发愁堵车、电话信号不好以及支付电子账单。虽然生活并不完美，但是感谢这些数不尽的发明和创新，让大多数人的生活较之前更加安全和舒适。

请原谅我罗列了这么多的历史，那么回头来看，创新对于你的生活又意味着什么呢？

在过去的时间里，不创新也许还能生存很长一段时间。你可以用和父母、祖父母甚至曾祖父母一样的方式钉马掌，也许还能生活得很好，而如今变革的速度比以往要快得多。在数字革命的浪潮里，很多做了十几年甚至几个世纪的产业都不得不重塑自己。

例如，在过去的几千年中，如果想买东西，你会去集市或商场。如今突然就变了，你可以在你的手机上浏览和购物，几天后你买的东西会放在家门口。网购对于消费者而言，是一种梦幻般的创新，但对于零售业而言却是颠覆性的改变。零售商必须适应这种改变，不然则可能被淘汰。现在几乎没有哪个行业可以依照着十年前的方式运营，哪怕是最传统的农业都在改变。几百年前，了解一种知识就足够了，例如知道如何做蜡烛，几乎就确保了你有饭吃。然而如今互联网让知识的普及变得那么便捷，任何人都可以在网上搜索到他所关心的所有答案，仅仅拥有知识就显得不那么值钱了。更重要的是，如何以一种富有创造性的方法来应用这些知识。

问题是不论你现在做得有多好，如果你坚持一成不变，终有一天会被淘汰。总会有人找到比你做得更好的方法，那时你的事业将无法持续。换言之，今天顶尖的技术明天可能就会被淘汰。20 世纪 80 年代传真机刚刚问世的时候，它就像是一个传奇。这边一张纸上的内容一下子就可以转移到那边另一张纸上去，这简直让我觉得不可思议。而如今，只过了短短的三十五年，传真机几乎已经过时了，变化得真快啊！

试问你正在做的事情中有几件可以在二十年、十年甚至五年后以同样的方式去做？不论你做什么工作，不论你在哪个行业，不论你做何种事业，十年后一定和现状大不一样。

我们并不知道事情将会如何改变，但人类历史告诉我们一定会变。虽然我们知道改变终将到来，但我们并未对此采取行动。我们花了大部分时间来工作，但几乎没有思考过如何发展，如何用创新的方法来做得更好。

很多人都有收件箱、日记本和安排得满满当当的计划本，以至于他们认为自己没有哪怕一分钟的闲暇时间去思考。他们为维持眼下业务的运转付出了一切必要的努力，却忽视了为迎接未来作准备所需进行的创新。

创新者不会那样做。创新告诉我们怎样触碰未来，如果你不这样做，总有人会做。当然改变并不舒服，但另一个选择更糟。如果我们回避挑战，机会也会擦肩而过。

举例说明创新的重要性并不难。如果你也觉得创新很重要，那你一定有改善现状的动机。但对你而言，更重要的是找到正确的方法。

解释“为什么”简单，但了解“怎样做”就复杂多了。

目录

作者简介 I

前言 II

引言 什么是创新？为什么需要创新？ VII

第一部分

创新的步骤

第一章 **思考改变现状的方法** 2

将思考放在首位 3

发现创新的机会 5

思考现有制度和流程 6

与人合作 8

当你感觉不爽的时候，就要注意了 8

创新的方法 9

打破惯性思维 10

八种方式打破惯性思维 15

1. 对每件事都心存疑惑 16

2. 你做了哪些假设？ 18

3. 技术并不总是答案 23

4. 退而求其次 25

5. 答案也许就在眼前 28

6. 答案是否就在你的数据库中 30

7. 与顾客换位思考 34
8. 未雨绸缪 45
很少思考的四大原因 46
“我没时间” 46
“我就是没有创造力” 48
“创新不是我的工作” 50
“思考很难！” 51
如果你陷入困境怎么办？ 55

第二章 **为你的想法估值** 61
创意就像气球 64
关掉手机 65
善言入耳，恶言不入耳 66

第三章 **实践你的想法** 68
开始下一步 69
找到每一个想法的终点 70
与他人合作 72
有时你需要坚持 73

第四章 **如何推销你的想法** 74
为什么说推销很重要 74
谁负责推销？ 75
你想要达到什么目的？ 75
说什么 77
怎么表达 79
好的推销确实很难 79
紧张情绪 81

口头禅 82
如果是重点，就需要强调 83
演示文稿 83
让你的声音充满房间 84

第五章 **在你自己的生活中创新** 86
思考 87
估值 87
实用 88
你呢？ 88
把可能的地方全想出来 88
为你的想法赋予价值 90
使用你的想法 90

第二部分
建立一个充满创新意识的组织

第六章 **成功和增长如何阻碍创新** 93
管理层的角色 95
外包的创造力 96

第七章 **怎样让他人思考** 100
阐明这是工作的一部分 101
重量不重质 102

第八章 **如果你觉得创新重要，请行动上也这样做** 106
创新大赛 106

告诉员工你想要他们做什么 107
你给予了多少指导 110
如果某位员工说“不行，我做不到”，怎么办？ 110

第九章 **重视创意** 112
亲自去讲你的创意，不要发邮件 113
感谢那些带来糟糕创意的人 114

第十章 **使用创意** 117
建立流程 118
向高层推荐的提案 120
被淘汰的提案 121
承诺！122
找到每个提案的终点 123

第十一章 **从基层找答案** 124

结语 创新之旅 128
备注 130
鸣谢 135

CHAPTER 01

第一部分 创新的步骤

现在让我们来讨论“怎样做”的问题。

- 创新者怎样发现机会?
- 一旦发现机会，创新者怎样从中获益?
- 他们如何评价创新点子?
- 一旦他们有了想法，他们如何将其付诸实践?
- 他们如何评估和测试想法，并确定哪一个值得实施?

确实有一些事情是创新者强于我们的，比如思考就是创新者的强项。但幸运的是这些事并不是只有他们会，而是我们所有人都能学会的。创新者比我们做得好的，首先就是“思考”。

第一章 思考改变现状的方法

创新者总在思考。

我并不是说创新者都是天才，而是他们总在思考能改善现状的方法。“请等一下，”你可能会说，“我花了一整天的时间来思考，结果到晚上疲惫不堪还容易发怒，这究竟是为什么？”你真的思考了吗？一天中你有多少时间是花在思考上的？你又用了多少时间来交流、复印、参加会议、组织会议、管理别人、被别人管、读邮件、回邮件、打电话、回复因为打接座机电话而错过的手机信息，因为用手机而错过的座机留言……你是否常常回到家才发现你忙碌的一天中甚至没有一秒的闲暇来思考？通常在我问大家是不是这样的时候，往往所有人都举起了手。创新者不会这样做。他们不认为思考是完成了所有工作后的事，在他们看来思考就是工作！

将思考放在首位

当我说创新者善于思考时，我的意思是他们将思考放在首位。他们意识到了思考的重要性，所以他们必须确定自己做了这件事。他们每天都会花一点时间来想一想怎样改善现状。他们不会在状态不好的时候思考，相反他们总在自己最精神的时候来考虑怎样解决问题，并抓住机会。

我并不建议你每天都花好几个小时对着窗外幻想最美好的世界。我的建议是当你忙于眼前的事情时，可以分出 1% 到 2% 的时间来想一想能不能将眼前的事情做得更好。如果你一天工作八九个小时，那拿出十分钟来思考就够了。

如果你觉得你所做的工作、所处的行业会不停地改变，那么是不是还应该百分百地专注于今天而不去为明天做准备，牺牲未来而将今天放在首位？

革新总是始于同样的事——有个人想出了新点子。无论计算机系统有多么精确，多么聪明，想法只来源于一处，那就是我们。花越多的时间来思考，就会收获越多的想法。如果你想要在你的岗位上或未来变得更加具有创新性，第一件事就是腾出一些时间来思考。

我记得有一次我采访一位发明家，了解他是怎样得到想法的。他说：“嗯，当时我正在做我那天的思考，然后……”“等一下，”我打断了他，“做那天的思考是什么意思？”他解释说他每天给自己规定时间必须思考怎样来解决问题或是抓住机会。并不是每天都有灵感，但隔三差五总有些灵感。他认为思考和锻炼一样。如果你每天都锻炼，那你会变得更加健美和强壮；如果你每天都让大脑锻炼，多思考，大脑也会变得更强。

创新的第一步就是强制自己每天都想一想改善现状的方法。但是难点在于现在比过去更难找到时间来思考。不久以前，一天中总会有那么一会儿，你除了思考便无所事事。也许是往火车站走的时候，或者是等公共汽车的时候，或是在公园里吃午餐的时候，或是从这栋楼走向那栋楼的时候，或是在乘出租车的时候，或是在遛狗的时候，或是坐在沙发上发现实在没有好看的电视节目而你又累得看不进书的时候。这些时间你的思维会主动开始思考问题，寻找机会，有那么几次，也许只是那么几次，灵感开始萌芽。

当你热衷于将每一分钟都有条不紊地用来想问题时，灵感却不一定会如期而至；更有可能的是，你没有什么事情可做，如果还不积极思考的话，就会感到无聊。所以那时我们会思维不集中，会浮想联翩，会沉思，会分析，会想象，甚至会偷听他人的谈话而迸发灵感，得到新想法——有时候这就是新事物的开始。当然这在你沉迷于刷微博的时候是不会发生的。

现如今这样的安静时刻越来越少了。取而代之的是，一有空闲你就会掏出手机收发邮件或短信、工作、刷脸书、刷微博、看视频、玩游戏、听音乐等。

我也不是旧时代的人。我和其他人一样都时时连在网上，当然这是通信革命带来的好处。在公共汽车上我们可以听音乐、看电影或打通关游戏。结果我们可以沉下心来反思的时间却越来越少，而反思的时刻往往是灵感敲门的时刻。

你还记得牛顿和苹果树的故事吗？看见苹果掉在地上让他想到了万有引力。如果那时他正忙于发邮件、看新闻，在 iTunes 上收听莫扎特的最新单曲，也许他的思维就会太杂乱，注意不到有苹果掉下来了。

怎么使用科技是你自己可控的事情。如果你任由科技霸占自己思考的时间，那你没有理由去怪科技，这是你的错。

如果看完这本书以后你觉得应该花点时间去思考，别犹豫，给自己一个机会去试试看。不要一有时间就拿起手机，也不要让那些无用的信息充斥你的大脑。如果你给自己创造了思考的空间，灵感会在最不经意的时候、最想不到的地方不期而至。

当你绞尽脑汁地思考一个问题的时候，放空你的大脑出去走走路或跑跑步，或者去坐坐火车看看窗外。我并不是说答案一定会自己找上门来，我只是说比起每分每秒地专注于其他事情，这个办法成功率会大得多。为你的大脑腾点空间让它运转，看看会怎样。不过你需要思考的究竟是什么呢?

发现创新的机会

创新的第一步就是确定创新最可能在什么领域发生。有时候答案是显而易见的。例如随着社会媒体的普及，很多公司都利用该平台来推广。显而易见，那里就有创新的机会。

如果你发现你公司的供应链不是那么有效，客服低于平均水平，或是你的顾客不像想象得那么忠诚，那么这就是你创新的机会。

很多创新之举存在之前都不是那么显而易见。一旦变成现实，很多人都会说：“当然，这太明显了！”大部分创新之举在有人提出之后都很明显，但在那之前却很难想到。例如在 20 世纪 80 年代的时候，我从没听人说过：“我觉得电话最大的问题就是我不能把它装在兜里到处走。” 便携式电话在今天看来是势在必行的改变，但在改变之前却并非如此。

如果创新的机会并不是一直都那么显而易见，我们怎样来识别呢？

很实用的一个办法就是换个方法来问自己。把“哪里能找到创新的机会？”变成“哪里没有创新的机会？”

没有创新机会的地方就是所有事情都很完美的地方，没有任何层面的改变可以让它变得更好了。环顾四周，如果某个产品，某种工序已经好到你可以断定十年后、二十年后，甚至五十年后都不会有任何改变，当你发现了这样的地方，那就意味没有任何创新的机会。

但是这样的地方真的存在吗？想一想你的工作、公司、行业在过去的二十年间多少方面都发生了改变。现在你做的事情有几件和二十年前的方法一模一样？你的公司里又有几件事可以在二十年后完全不变？

把工作中或公司里你认为已经完美到不会有任何变化的部分写在你的笔记本上，这样你就把没有可能创新的领域明确下来了。至于那些没有出现在你笔记里的部分则是有创新潜力的地方。

创新并不局限于最终产品。你可以在事业的任何一个环节创新，如制度、流程、推广营销、供应链、管理方法、客户服务、研发、决策等。

这里讲几个有创新机会的地方。

思考现有制度和流程

当你想要寻找创新机会时，仔细看看现有的制度和流程，想一想能否将它们变得更好。

大部分工作场所的流程都太固定，以至于没有人来思考这个流程究竟是不是很有效，有没有可能将它变得更好。只有当你退后一步将这些步骤分开来看时，才有可能找到改进的方法。举例来说，想一想餐馆点餐的流程：

1. 服务员领位并给你菜单；

2. 过了一会儿他回来为你点菜，但你还没想好，所以他又走了；

3. 你终于决定了想吃什么；

4. 你环顾四周寻找你的服务员；

5. 你尝试着眼神示意；

6. 最终他回来帮你点菜；

7. 他把你的订单送达厨房；

8. 厨师看到你的订单开始做饭。

几个世纪以来人们一直以这种方法来点餐。这个流程太深入人心，以至于没有人想一想是否有更有效的点单方式。

试想一下，如果你的餐桌上有一台平板电脑来为你点餐的话，将会如何？不必等服务员来点菜，你可以在平板电脑上选择任何你想吃的东西，然后点击“发送”，你的订单就会出现在厨师旁边的屏幕上了。或者说餐馆可以开发一个 APP，让你能够从你的手机上点单。新的方法可以让八个步骤简化成三步：

1. 服务员领位并给你菜单；

2. 当你决定好以后，就可以从平板电脑或者是手机上点单；

3. 厨师看到订单着手准备。

也不是必须这样做，如果愿意，你依旧可以用传统的方式和服务员沟通。但对于像我这样缺乏耐心的顾客而言，平板电脑或是 APP 将会是非常好的选择，同时餐馆也可以少雇一些人。

想一想你自己的工作流程，将它们拆分开来，看一看有没有可能让它们变得更简单、更有效、更省钱。假如你的流程里有十个步骤，能不能简化成九个、八个甚至七个？

与人合作

和别人互动也能充满创新性。每一次和人交流得不是那么顺利的时候，不妨退一步问问自己，下一次怎样能做得更好呢？

当你和一位难缠的客户、经理或同事交流得不是那么顺利的时候，你很容易觉得这不是我的错，是他太难缠了。

但是退一步，接受这个道理可能更有效：真正难缠的人到底还是少数，然后想一想自己下次怎样做才能做得更好。

发现自己做得不完美的地方是创新的第一步，这意味着你发现了一个创新的机会。

当你感觉不爽的时候，就要注意了

当你对现有的流程感到失望，或者因为一件事情占用了太长时间而感到沮丧、愤怒、没有耐心、坐立不安时，这就是事情没有按照既定方向进行的信号。当你产生了这样的情绪，那将意味着你发现了创新的机会，可能有机会改善你所做之事。

每天早上排队买咖啡令我非常烦躁。如果你在早上九点前路过商业区，你会看到一大堆人在咖啡馆里等咖啡。当你把这些等候的时间全都加起来时，你将会得到一个惊人的数字。

事实上当我对等咖啡感到厌倦的时候，我发现了创新的机会。怎样可以让我不这么厌烦？答案当然是缩短等待时间。那怎样的创新可以达到这个目的呢？

有一些 APP 可以点单，这个方法有用，但更好的创新是缩短咖啡制作的时间。现在咖啡馆制作一杯咖啡需要一分钟，我估计如果有人可以找到办法把时间缩短至三十秒，那将可以带来很大的收益。

再举一个例子，排队登机是不是占用了乘客大量的时间？坐飞机飞行一两个小时让我觉得很高兴，但排队等待登机和下飞机的时间过长却让我觉得很不爽。试想一下，如果机舱门从机身前侧改为机舱中央，这样登机时一半人向左走，一半人向右走，就会省一半的时间。

同样，出了机场排队等出租车也让我感到非常烦躁。有许多的出租车也有许多的旅客，但当你终于走到队伍最前面上车时，却遇到了麻烦。有一天我一边排着队等出租车，一边思考问题。当我终于排到最前面并等到了车的时候，我发现载客区域需要重新设计一下。这里没有示意图描述起来不是那么容易，所以这个就留为作业，你们如果感兴趣可以想一想，怎样设计能让机场载客区变得更有效率。

你工作的时候如果感到烦躁，就留点心记下来，这可能就是你发现的一个有创新潜力的点。

创新的方法

1. 每周在工作之余，花一两个小时把你认为可以做得更好的地方记下来。每次当你发现了一个问题的时候不要急着解决，只要记下来就好了。例如也许你会觉得组织的内部联络不是那么好，或许对于客户投诉没有解决得那么好，又或许某些推广做得不是那么完美。发现尽可能多的不完美点，并很详细地记下这些问题。

2. 每天腾出十分钟来这样做：在白纸的最顶端写下你发现的问题，然后思考怎样去改善。这件事需要在你精力旺盛的时候做，不要在累得不行的时候来思考这些问题。灵感的迸发往往是很困难的，清醒的头脑才使其更有可能。尽可能确保那时你不被打扰，请忽略桌上的电脑和手机，或者离开办公室出去走走，或去公园坐一坐。

3. 不要给自己太大压力，希望一下子就得出结论。这不是那么简单的！也许你会觉得自己很笨，别着急，这都是正常的。尝试着梳理出尽可能多的想法。美国科学家莱纳斯•鲍林（Linus Pauling）曾经说过：“获得一个好主意的捷径就是有很多想法。”我想要再加一句：“获得很多想法的捷径就是花时间思考。”

花时间思考解决问题的答案和寻求机会并不一定会带给你有用的结论，但可以肯定的是，多花时间思考才更有可能解决问题。

备忘录 01

寻找创新的机会

- 注意工作中你认为不那么完美的事情。
- 检查一下你的流程和体系，尤其是那些你认为理所当然的东西。它们可以变得更好吗？
- 要注意你在工作中感到厌倦、生气、着急、失去耐心的时候，那就是某些事需要被改进的信号。
- 人际交往中也需要创新。
- 当你发现了创新的机会，花点时间来想想可能的解决方案。

打破惯性思维

灵感从何而来？在我们宝贵的思考时间中，什么可以帮助我们想出更好的做事方法？

当我们开始尝试思考更好的办法时，往往脑子会一下变得空白，没有任何灵感，这时我们会感到无助、沮丧。那些好点子都藏到哪里去了？那些灵光一现的好点子为什么这么快就变得平庸无奇了呢？

不要着急，这很正常。

高超的见解并不会在你刚开始思考时就跑进脑子里。这时需要耐心点，对自己好一点。如果没有在第一时间就形成思路也不要自责，告诉自己你可以的。打破惯性思维是需要一段时间的。

我并不知道是谁创造了“惯性思维”这个概念，但我第一次听到这个概念是在一位哈佛商学院的教授罗沙贝司·蒙斯·卡特（Rosabeth Moss Kanter）的演讲中。她说“打破惯性思维是创新的动力”。

那究竟什么是惯性思维呢？设想一下，你定居到了一个新的城市，找到一份新工作。在刚开始的那一周你每天都会尝试去上班的不同路线，来找到最近的那条。周一你尝试第一条路，发现车太多。周二尝试第二条路，发现红绿灯又太多。五天以后你终于找到了最近的那条路。在之后的 23 年中，你几乎每天都会走那条路。每天早上你坐进车中再也没有想过：“嗯，今天我要怎么走呢？”你自动就重复走了昨天的那条路。你并不是睡着了，你还在开车，但你只是机械地操作着它。对于这条路你再也不会去多想一点。你上班之路的选择就是惯性使然。

我们每个人每天都陷在惯性思维里。

你有多少次都在重复着类似的日常工作？当你起床以后是不是做着和以往一样的事情然后出门？是不是走一样的路去上班？是不是每天都做着和平时一样的事情？在同样的地点吃午饭？下班以后再

回家去做类似的事情？

日常生活中很大一部分事情都是惯性使然，不要紧张，这很正常。通常当我们找到了最佳方案后会一直沿用下去（就像上班之路一样），这说得过去。

我们生活中的大部分事情都按照一样的模式进行，甚至我们打招呼的方式。“最近怎么样？”你不会停下来仔细思考这个问题，然后给出一个诚实的答案，相反你会习惯性地回答：“还行，你呢？”

大部分工作也存在惯性。当问题第一次出现时，我们会去找解决办法。设想一个制作并销售锤子的公司。有一天，一个顾客来投诉说他刚买不久的锤子坏了。这个公司需要想一想怎样解决这个问题，是给顾客退款，还是给他一把新的锤子？或者是不承担责任，坚持自己生产的锤子要不是使用不当，绝不会这么快出问题？

最终这个公司想出了解决方案。六个月后当有第二位顾客来投诉一样的问题时，他们就不用再想了，直接用之前的方案解决就可以了。现在他们就有了“解决顾客投诉锤子问题”的这个固定流程了。

我们发明了系统和流程来避免工作的杂乱无章，这样我们就不用每次出问题时都从头来过。这很有道理，很聪明。一个组织会找出经常发生的问题的解决流程，之后只要确保每次都是按章操作即可。随着组织的成长，他们找到了最佳的方案。当有顾客投诉时，他们会走“解决顾客投诉”流程。当有员工的父母去世时，他们会用“慰问金发放”流程。当需要推广一个新产品时，“新项目上马”流程就会立即启动。

这是有道理的，但也存在隐患。惯性、流程、系统会让我们假设事情的走向必须如此。如果你生命中大部分事情都靠惯性，那么你会逐渐停止探究该怎么办，取而代之的是机械化的行动。如果你是一名电工，也许刚开始你会不停地问自己为什么要当电工，这是不是自己的梦想。然后最终也许你会习惯了这个身份，觉得你就应该当电工，再也不会扪心自问。

惯性思维让我们不去思考事情的其他解决方法，有可能让我们和机会擦肩而过。如果我们每天都走同一条路去上班，不管是上班迟了还是下班回家晚了，我们不会去想是否还有更快捷的路线。如果每次顾客投诉都走一样的“顾客投诉”程序，总有一天我们会停下追求更好解决方案的脚步。最终事情会变成这样：

“你们为什么要这样解决客服投诉？”

“因为这就是我们解决投诉的办法啊！”

你在做事时是不是也遵从了这样的逻辑：“我们这样来处理问题……因为就应该这样做啊。”

以前我经常带孩子们在一个很大的野生公园里玩。那里有操场、树、灌木，还有散落的树枝、一座小山和泥潭。一天我们去那儿的时候看到了一对母子。那个男孩一开始在操场玩游戏和玩具，也许是看到了其他孩子在探索那些自然的东西，他转身向大树走去。马上就要走到的时候他妈妈发现了他，赶紧追上他说：“不行，你不能去那儿，我们应该在操场上玩。”

我们每个人或多或少在某些方面都有习惯性思维。对于这位母亲而言，玩游戏和玩具才是来公园的目的。她太习惯于这种想法，以至于她没有发现其实探索公园里其他的东西也很有趣，也是很有意义的经历。

这里有一个惯性思维的例子取自《新发明家》。

21 世纪的前十年澳大利亚面临严重的干旱。每个住在城市里的人都知道限水令和保护水资源。但是每天我们依旧会打开热水龙头，眼睁睁地看着凉水流进下水道。我们就那样站着看着水流，时不时试一试水是否已经变热。终于，水足够热了，我们用塞子堵住浴缸的下水道。

我们并不认为这是在浪费水资源。我们只是觉得需要把水管中的凉水放掉，来得到我们想要的热水。

劳埃德·史密斯（Lloyd Linson-Smith）意识到每一次我们等待热水的时候都是在浪费水资源，他想找到解决的办法。所以他发明了保温的热水管。这个水管会自动测量水温，当水流的水温低于设定温度时会自动流入储水箱。有了他的发明，当你打开热水龙头，在热水到达之前，什么都不会流出来。下一次当你打开凉水龙头时，储水箱中的水会流出来。

我们都知道要省水，但我们却没有意识到打开热水龙头后让凉水流出也是一种浪费。我们只觉得为了得到热水，那么凉水只是必须去除的东西而已。我们太习惯于把凉水从热水龙头流出来看成一种不便，而没有其他想法。

然而劳埃德却可以退一步，以不一样的眼光看待这些水。在我们觉得不便的时候，他看到了创新的机会。当我看到了他的发明时，我有如下许多疑问。

- 他是怎样发现热水龙头中流出凉水是创新的机会呢？
- 为什么我就没有意识到，当我打开热水龙头时凉水哗哗流是一种浪费呢？
- 如果我就这样错过眼前的创新机会，还有哪些机会我尚未发现呢？
- 最后也是最关键的，我怎样可以学着发现这些机会呢？

在我们看来，劳埃德是以一种不一样的眼光看待我们认为理所当然的事情——热水龙头里流出的凉水。其实他是以全新的视角打破了惯性思维。

坚持用一种方法看待问题是很容易的。但我们这样做时却忽略了最关键的一点：我们关上了其他可能的大门。

有多少次你都会自动用同一种方式处理问题，而没有想一想这个方式是否真的是最好的办法？这就是惯性思维。

当我们接手一项新工作时我们几乎没有惯性思维，因为每一件事都是全新的，我们以崭新的视角看待一切事物。随着我们经验的增加，对系统和流程越来越熟悉，我们会觉得得心应手。第一次遇见问题时，我们会说“天呐，这可怎么办？”第二次遇见同样问题时，我们会说：“天呐！不过，等一下。这不是上周才解决过的事吗？我知道该怎么办。”当第十次遇到这个问题时，我们会翻个白眼，叹口气：“别再让我遇到你！”

这意味着我们逐渐停止了思考，取而代之的是惯性地认为事情就本该如此。

我们需要系统和流程，但我们同样需要跳出这些退一步思考。如果想创新，我们就需要找到办法来打破思维惯性，重新开始思考。如果我们不这样做，就不会发现放走热水龙头里的凉水是一种浪费，我们意识不到这些。

在你的组织里有一些确定的事情是可以被改进的。第一步就是发现它们。现在我概述你可以用于打破惯性思维的一些特定的策略。

八种方式打破惯性思维

想一想每天都走的路线，像去车站、去商店、去公园遛狗，和去从来没去过的新地方的路线有什么区别。

这是截然不同的两种体验。当你在陌生环境走路时，你会特别警觉，对身边一切事物都很敏感。这和去街角的小商店买袋盐是完全不一样的。

我们需要以这样新鲜的视角来看待我们的工作，把每一次都当作第一次一般。这里有一些这样做的办法。

1. 对每件事都心存疑惑

最近我儿子问我："为什么椅子叫作椅子？"

当然，他把我问懵了。我发现"椅子"这个词语对我而言是如此理所当然。我从未想过为什么要用这个词。而孩子却有着无穷的好奇心和求知欲。

如果你想要在工作中找到创新的机会并利用它，那就需要唤醒自己孩提时的好奇心。对每件事情都要心存疑惑。把所有东西都分开来看，并问问自己："还有改进的可能吗？"

一些伟大的创新来源于对那些毋庸置疑的事情的质疑。

独轮车发明于2000多年前。这个发明是一个在短距离运输重物时省力实用的器械。独轮车的自重参差不齐，再加上负重就不是那么好推了。并且在卸货的时候需要抬起车身，这样重量大部分都加到了推车人的手臂上，而且卸了几次货之后独轮车就开始受损了。

但是没有人去思考独轮车卸货时是否真的必须抬起车身。我的意思是，人们用这种方式用了2000多年了。如果真的有改进的可能，那现在应该有人想出来了。

建筑师约翰·斯泰博（John Steber）于2004年被邀请参加《新发明家》节目。他在独轮车车斗前端安装了一个铰链，铰链另一端是一个用来连接车斗后端的活扣。当你推车时，你可以锁住铰链来保持平衡。到达目的地以后打开那个活扣并轻轻抬起一端，重力会使得车斗倾斜从而自动卸货。用约翰的独轮车卸货，你就不用完全靠你的力气来把车身高高举起。这省力得多。

约翰通过质疑那些从没有人质疑过的事情，解决了延续 2000 多年的难题。他在想：“难道就没有不用高高举起推车就能卸货的办法吗？”

在工作中，每天我们都在寻找很多小问题的答案：怎样可以在午饭前就做完所有的工作？怎样让客户高兴？怎样让老板满意？

花点时间退一步像约翰一样想一想更宏观的问题。不要总是纠结于：“我怎样按时完成工作呢？”问问自己：“我现在工作所借助的一切系统和工具都物尽其用了吗？如果没有，那我应该如何改进？”

请这样质疑你所有的工具、流程和系统。退一步，深呼吸，然后问问自己：“还有更好的办法吗？”

也许很多时候，答案都是否定的。但是偶尔你会发现创新的机会并从中获益。如果你质疑了 50 次后发现了一两个可被改进的地方，并使工作更有效率，那我想说你花的时间是值得的。

这里还有一个由于质疑一切而成功的案例。

一位来自美国匹斯堡的 14 岁男孩苏维尔·米施坦尼（Suvir Mirchandani）。他在做科学作业的时候尝试找出减少浪费并省钱的办法。他发现学校每天会发很多纸质的讲义。他开始想这些讲义用了多少墨来打印，是否有办法来省墨呢？

他发现英文字母常用的字体有四种：Garamond, Times New Roman, Century Gothic 和 Comic Sans。于是他将这些字体放大字母后分别印在纸上，然后称每张纸的重量。纸的质量是相同的，所以测量出的不同应该都来源于不同字体所用墨量不同。

苏维尔发现用 Garamond 字体时，由于它的笔画更细所以能减少用墨量。事实上，如果他们学区将所有印刷都改用 Garamond 字体，那将会减少 24% 的墨消耗量，节省高达 2.1 万美元。他同样计算了如果美国政府将所有印刷改用 Garamond 字体，每年可以节约 1.36 亿美元。如果州政府也这样做的话，将能再节省 2.34 亿美元。

这一切都源于打印字体的改变。

字体一直都在我们眼前。节约和效率也是老生常谈。但我们大多数人从未在字体上考虑过多，更别说这种巨大的影响了。

你的工作中有多少事情是从未被质疑过的？找出它们，并想想你能不能从中找到创新的机会。

2. 你做了哪些假设？

对于这个世界如何运转，我们都做了很多假设。我们假设明天太阳还会照常升起，我们假设今天去上班路上的时间和昨天一样长，我们假设赶时间的时候总会被一辆时速只有 30 千米的车挡住去路。工作中我们假设客户的需求，联系到他们最好的方式，所处行业的走向，经营最好的策略等。

假设让我们了解这个世界，节省时间，并为我们作决定提供信息。然而有时我们假设的基础却是不成立的。例如我们一度认为查找某些事情最快的方法就是翻百科全书。显然这再也不是正确答案了。

在零售界，十年或者十五年前，我们认为竞争者是那些与你地理位置相近，并且销售同类产品或服务的商家。如果你经营镇上唯一的一家电器商店，只要自己足够能干就可以确保拥有这个地区大部分的生意。如果你在纽卡斯尔的商品售价比悉尼贵 10%，你也不用太担心人们会愿意开两个小时的车去买便宜点的商品。

但是随着网络购物的兴起这个假设不再成立了。你的竞争对手再也不用与你的地理位置挨着了，他可以在任何一个地方。

我们曾经假设不满意的顾客将会怎么做。如果顾客对于某件事不满意，他可能不辞辛苦地打个电话，或者写一封投诉信。如果他选择写投诉信他得写信、写信封、买邮票、贴邮票，所以我们可以假设只有少数几个顾客会选择不辞辛苦地走这么麻烦的过程。就算他这样做了，投诉内容也只有公司内部的人知道。当然也许他会告诉几个朋友，不过大家很快会把事情忘了。所以就公司层面而言，最坏的事情也并没有那么糟。

紧接着社交媒体时代来临，这个假设也随之崩塌。突然之间，那位不满意的顾客可以昭告天下，他甚至都不用去买邮票。他可以在等公共汽车的时候就用脸书、微博、论坛，甚至三者一起来进行投诉。最糟的是，他还可以在这家公司的官网下面留下致命的批评。

媒体将销售业的主动权从销售方交到购买方手中。如果零售业从业者想要成功，就需要赶快跳出他们之前的假设，跟上时代的步伐。

对于员工的假设也在改变。就在不久之前，我们还可以假设大部分员工愿意留在一家公司。因为他们对于薪水还比较满意，并且升职空间也比较大。而如今跳槽变得越来越流行，有些人甚至会跨行跳槽。工作与生活的平衡问题和有弹性的工作安排也越来越被重视。所以曾经雇主对于员工的假设已经不成立了。如果想要招到杰出人才，雇主必须确定自己不是基于过时的假设来制定方案的。

所以说，你都为自己做了哪些假设呢?

- 你的工作
- 你和客户的关系
- 你的顾客需要什么
- 客户的忠诚度

- 为你的客户推广的最佳方案是什么
- 给你的客户做广告的最佳方案是什么
- 你和你的供应商的关系
- 你的供应商想要什么
- 你的竞争对手有哪些
- 你的员工想要什么

我们每个人都会做的假设就是，我们做事的方法是天经地义的。也就是说，我们一直这样做事，因而我们认为这就是最好的方式。

举例来说，我们会选择某律师，因为我们一直和某律师合作。

也许某律师是你们公司最好的选择。如果某律师已经和你们公司合作了十五年，并且对你本人和公司的历史了如指掌，这些都是很重要的因素。但不要仅仅因为某律师和你们合作这一个因素，就推断他就是你们公司最好的选择。相反，要对你的假设存疑。

从创新中获益的一种方法就是找到你认为理所应当的假设，然后质疑它。如果你找出的假设并不被分析所支持，那么是时候想想更好的办法了。

机舱娱乐设施的发展就是质疑假设从而创新的绝佳案例。在过去，旅客只能看挂在机舱天花板上的屏幕里播放的节目，所以每个人都只能看（或者不看）同样的内容。第二步改进则是把屏幕嵌入了前排的座位里，从而你可以在想看的时候收看感兴趣的节目。后来飞机上开始发放平板电脑，这样你就可以看那里面的内容了。

一个不变的假设贯穿始终：如果你想要看机上节目，那你必须用飞机上的设备。直到最近，这都是航空公司的假设。

然而，时代变了。

几年前加拿大航空和IBM公司合作。考虑如今大部分人都会携带自己的便携设备登机，从而他们决定打破一直以来航空业的假设——只可以用机上设备观看机上娱乐系统。

他们不禁质疑，为什么呢？难道人们就不能用自己的设备享受机上的娱乐吗？

如今他们已经开发出了一个叫作“加拿大航空”的APP。这样可以通过无线流媒体的方式将机上娱乐内容下载到个人客户端中。乘客只需要在起飞之前下载这个APP，就可以在飞行过程中通过自己的笔记本电脑、平板电脑或者手机收看机上娱乐节目了。

对于航空公司而言这样做节省了购买、安装、维修座椅上的显示屏的费用。飞机重量也会随着拆掉了座椅上的显示器而减轻，因而更省油。

这一切都源于航空公司打破了最根本的假设：如果你想要享受机上娱乐，那就必须使用机上设备。一旦他们发现了曾经如此合理的假设居然过时了，那剩下的也就水到渠成了。

这里还有一个取自《新发明家》节目有关质疑假设的案例。

行动不便的人都会卧病在床，他们有时候会长褥疮。褥疮很疼，严重的时候还会诱发感染导致坏疽。传统上预防褥疮的方法就是按时帮患者翻身，但是这种方法会弄疼患者并且必须需要护工。

这个办法的假设在于如果有人没法动，那就需要有人能帮他翻身。听起来是这样，但真的如此吗？

汉娜·匹赛尔（Hannah Piazza）是一名有30年经验的护士。一天晚上她在照顾一名病重的女士，平均每小时都需要为那位女士翻一次身来预防褥疮，但每次翻身都让那位女士痛苦不已。汉娜决定想一个更好的办法。

她想出了一个可以进行电脑编程的床，在夜间以非常微小的摆动摇晃整张床，这样一来不用弄醒病人就可以使身体不停地变换着力点。这样护工不用去移动病人，病人身下的床会帮助他们移动。

汉娜对病人需要其他人来移动这个假设产生了质疑。难道就没有其他办法了吗？婴儿都在摇篮中轻晃，为什么成年人就不能这样呢？

这个发明现在看起来很有道理，但最难的一步是质疑最根本的假设。

备忘录 02

质疑你的假设

- 列出你所做的假设
  ——对工作的假设
  ——对客户关系的假设
  ——对客户需求的假设
  ——对客户忠诚度的假设
  ——对市场推广的假设
  ——对供应商和你的关系的假设
  ——对供应商需求的假设
  ——对竞争对手的假设
  ——对员工需求的假设
- 对每个假设质疑
- 当你发现某个假设不再成立时，好好想想是不是潜藏着创新的机会

3. 技术并不是唯一的答案

创新总是始于灵感，然后创造出新技术，最后被大众接受。椅子、汽车、电视都是灵感最终成为技术的案例。

然而有时候我们对于新技术却存在一些偏执。举个例子，最近我带孩子们去餐馆吃饭，服务员拿了一个 iPad 进行点单。坦白说，比以往点菜时间更长了一点，但孩子们觉得特别新奇。由于很好奇下一步是什么，我一直目送着服务员。我看到他进了厨房，开始念 iPad 上显示的订单，然后厨师拿笔潦草地记在了纸上。

这个例子绝佳地证明了只是有最新的技术什么也办不到。一切取决于怎样去利用新技术。

为确保高中生有电脑，各方都做了很多努力。大家好像觉得只要每个学生都有电脑，剩下的事情就是水到渠成的了。仅仅有一台电脑并不会让学生学得更好。只有教学方法改进，并且电脑的优势得到充分利用，电脑才能发挥真正的作用。如果说电脑只是单纯替代曾经的纸和笔，那科技就不是那么重要了。重要的是使用方法。

教学上的突破将会是一种利用到了电脑能实现的所有学习新方法的教学方法。例如电脑教学可以让学生在教室和 25 名同学一起学习的时间减少，而是更多地自学或者和学习小组一起研究。对于历史课和语文课，一些更复杂的集视听元素于一体的作业可以替代原始的手写论文。如果某位学生生病在家，是否可以通过网络登录而达到和坐在教室一样的效果？学生们怎样利用视频通话、电子邮件、维基百科和即时消息来达到更好的学习效果？

很多人在争论科技，但更应该争论的是科技的使用方法。问题不是“怎样确保每个高中生都能拥有电脑？”而是“怎样改进教学方法，电脑又能起什么样的作用？”

科技不会比想出它并做出它的人类更聪明。当我们想改进一些东西的时候，我们会发现创新的机会。最近我常常消极地想："我很确定如果我等一等，肯定有科技革新来解决现有的问题。"

有时候它会，但也不是次次如此。

让我来给你举个例子。

艾德·埃文斯（Ed Evans）在《新发明家》节目播出的最后一年获得了年度最佳奖。艾德是一名牧场工人，有一次他牧场的门被撞开并恰好撞到了他。当时牲畜冲向大门，门打开的时候撞伤了艾德。

艾德知道每年都有工人因此受伤，有些甚至会丧命。虽然他们知道有牛在周围的时候不可以背对着没有锁的门，但是工人们都太忙了，所以总会忽略。就算他们是面向大门的，动物们跑得太快了也根本躲不及。

艾德开始寻找解决办法。他本可以借助新技术：也许是会自动上锁的门，也许是牛靠近大门 5 米内会报警的警报器，又也许是一种安装有识别功能门的新型栅栏，只有人手才能够打开，牛拱不开。

相反，艾德采用了一种已有 3000 年历史的技术——铰链。他将铰链拴在门的中间，这样当有牛拱门的时候，门不会"嘭"的一下直接打开，从而撞到站在另一侧的人，铰链会帮助门在中间"刹车"然后折叠起来，就像一扇折叠门。这就意味着在大多数情况下工人都不会被打到。就算是被打到，门的大部分力量被门自己折叠而冲散了，这种撞击不会造成太严重的伤害。

牧场有着 6000 多年的历史，铰链也存在了 3000 多年。我不知道第一个人什么时候因为牛拱门而受伤，但我知道这个问题的解决方案已经存在了很长时间。并不是因为缺乏技术而阻挡了解决这个问题的脚步，是因为缺乏创新的思维。

这儿还有一个案例。开会的时候，总是很难让大家在早午茶休息后按时回到会场。这并不是因为他们懒惰或者惹人讨厌，只是因为他们正聊得起劲，想接着聊下去。就算是组织者大声喊大家回会场或播放音乐，也还是会有人忽略他们。如果还没有效果的话，很快会有人给这些迟到的代表发信息："快回来！我们就要开始了！"但这些都不很奏效。

让所有人回到会场的最有效的方式并不依赖于任何新技术。最有效的方式是出去找到这些人，摇着小铃铛，并且注视他们的眼睛。这很奏效，因为人们可以忽略空洞的喊声（或者短信），但没办法很无礼地忽略一个人。

也许你觉得你在工作中面临的挑战或机遇只可借助新科技才能解决。也许恰恰因为这种假设，使你没有去好好思考这个问题，从而努力寻找用现有的技术就能解决的方案。

当你投资一种新技术的时候，好好想想那个拿着 iPad 的服务员，高中生和他们的电脑。不断问自己是否可以用最佳的方式使用科技，并尽可能从中获益。

4. 退而求其次

当你追求创新的方法时，有时会陷入僵局。每个人都经历过这样的事情。我们发现有创新的机会，然后苦思冥想，但是什么也没有想出来。我们想到的每一种解决方案都存在致命的弱点，随着我们挫败感增强，开始觉得这个问题似乎就无解了。

有时我们的预感是正确的。有些问题就是没有答案。当你发现你的问题无解时，重新定义你的问题。就是说将你的问题简化一些，用不那么宏观的方式再想想。通常这样会带给你一些解答的新思路。

自燃的干草垛就是一个绝佳的例子。

当干草垛的温度足够高时它就会自燃。夏日正午的温度就足以达到其燃点。万涵（Han Van Wyc）看到新闻说，一个农民家中的干草垛自燃，造成了10万美元的损失。他决定试着解决这个问题，他问自己：

“怎样可以不让干草垛温度太高呢？”

这看起来是最符合逻辑的问题。如果可以预防它们温度升高，那就可以避免燃烧了。他开始寻找不让干草垛内部温度超过燃点60℃的办法。遮挡物可行吗？但是干草垛可能堆在农场任何一个地方。或者说水可行吗？但是依旧不具有可行性。

不论他想出什么办法，似乎都存在缺点，不可行。也许这就是一个无解的问题。

然后万涵很聪明地想了另外一个办法：他换了个角度。

他开始用不一样的眼光看待这个问题。如果他不能阻止干草垛过热，至少他可以让农民知道什么时候干草垛开始过热。如果他可以建立一个警报系统，在干草垛内温度接近60℃时开始报警，那农民就知道哪个草垛有自燃的危险，到时候及时翻一翻来散热，问题就解决了。

这个办法也许不如发明一样东西来杜绝草垛温度过高好，但仍是一个很实用的办法。

以下就是万涵发明的办法。他在一支空心管的一端插入熔点为60℃的合金塞子，在塞子后面放上一截橘色的棍子。你可以将这个空心管有塞子的那一端插入干草垛内部，另一端向下倾斜留在草垛外。当草垛内温度达到危险温度时，合金塞子就会融化从而使橘色棍子滑出空心管。这样路过的人就能发现危险信号了。

这样农民只用定时巡查所有的草垛，看是否有橘色管子出现就好了。一旦发现有危险信号就立刻小心翻开草垛降温，以防火灾。

这个故事重点在于，万涵发现自己陷入僵局时没有放弃，而是及时退一步问问题。当然如果可以找到办法彻底防止草垛温度过高，肯定更好，但是能找到办法报警也很不错。

当你发现了一个创新的机会或问题但陷入僵局时，你也可以这样退而求其次，换一个问题。也许不那么富有挑战性的问题一样可以帮助你找到可行的办法。

例如，想象一个零售商正在试图解决这样的问题："怎样通过我们的网站提高网上销售业绩？"

假如他们想了很多办法，但都不是很成功。他们也许会放弃，但或许他们可以将问题从"怎样提高网上销售额？"改为"怎样吸引点击率并使顾客在网上浏览更长时间？"

如果这个公司成功吸引了更多的点击率并延长了顾客浏览时间，那就有可能增加线上销售额。吸引点击率、延长浏览时间或许并不如直接想出增加网上销售的策略那么好，但是这种方法也是有用的，而且更容易实现。该公司可以上传有趣的视频、搞笑的信息、小问答题、主题游戏等。他们必须确保折扣信息显示在趣味内容周围，看看这样是否可以增加销售额。

退而求其次是我们下意识经常做的事情。回忆高中时期，当你喜欢上哪位男生/女生的时候，一开始你可能会想："怎样让他/她当我的男朋友/女朋友？"但是这个问题可能太心急了，退一步你可能会想："怎样可以约他/她出来约会呢？"有时候这个问题都稍显莽撞，你可能会想："怎样让他/她注意到我呢？"

看看你工作中的问题，或是你找到的创新机会是否很难实现，如果是，那换一个不是那么一步到位的问题试试看。如果不能达到

100%，也不要放弃，试试能不能达到 80% 或者 50%。

5. 答案也许就在眼前

如今我们处在信息大爆炸的年代。为了避免我们的大脑被信息挤爆，大脑发明了信息归类系统。每条新闻都不知不觉地被归入了恰当的地方。例如当你发现自己又胖了的时候，这个信息就被归入了“健康”这一类（当然如果你有点虚荣，也可以归入“颜值”这一类）。街边新开的超市会被归入“购物信息”这一类。

这很有道理，但是有时候这种分类太刻板，以至于阻碍了我们联系不同的信息，从而找到解决方案。打破定式思维，将看似没有联系的信息放在一起，将有助于我们得到意想不到的想法。

这里就有这样一个例子。有一天我到处找《我，克劳迪斯》(*I, Claudius'Robert Graves*）这本书。小时候我看过同名电视剧并读过这本书，想重温一遍。我找遍了两个书架和所有可能藏书的地点却一无所获。最终我不得不放弃了这个念头，沮丧地回到电脑前工作。

那天晚上我和女儿聊天，告诉她我弄丢了那本书。“我见过那本书，”她说，“你的电脑显示器不是就放在那本书上吗？”

我给我的笔记本电脑插了一个显示器，但是那个显示器有点低，所以我就垫了三本书让它高一点。那三本书书脊朝外，在我坐在电脑前因没有找到《我，克劳迪斯》生闷气时，那本书就一直在我眼前。

而我为什么没有发现它呢？

在我的定式思维里，书就应该放在书架上。如果不在书架上那只可能是谁读完随手放一边了。对于书我只能想到一种用途——那就是用来读的。

“书是用来读的”这个想法在我脑海中过于根深蒂固，以至于让我忽略了眼前显示器下的几本书。因为这几本书并没有履行我认为书应有的作用，所以在我的信息分类系统中这几本就不是书，只是用来垫显示器的东西。

但是孩子们还没有学会将所有信息都这样分类存放，所以我女儿的思维就会发散得多。

很多时候答案就在我们眼前，我们需要去学习如何发现它们。

《新发明家》中也有类似的案例。林肯·莫里斯（Lincoln Morris）是卫生与安全委员会（HSC）的学生，他的一个朋友家试图在水坝里养鲈鱼。鲈鱼吃蝌蚪、小鱼、虫子和其他生物。他朋友家想尝试寻找一种可养殖的食材给鲈鱼。

林肯的朋友在晚上和他打网球的时候告诉了他这件事情。当时灯边围了很多的飞蛾，他的朋友说要是这些飞蛾能用来养鲈鱼就好了。

说者无意听者有心。林肯便带着他朋友的问题开始工作。他建立了一个形如小型双体船的浮桥，并在其上方挂了一根 20 厘米长的日光灯。在日落后将这个浮桥推入水中并打开了灯，昆虫都围在灯边，鱼也都游到了水面，一探头就能吃到这些虫子。这样鱼就有了足够的食物来源。

林肯和他的朋友将两件我们其他人都联系不到一起去的事情结合起来完成了创新。这两件事分别是：

1. 虫子会被灯光吸引。

2. 鱼喜欢吃虫子。

一旦这两件事情被放在一起，答案就似乎显而易见了。在水面放盏灯，虫子会聚过来。答案就这样摆在他们眼前，他们的思维也足够发散，所以就不难看到答案。有时候单纯地把看似没联系的信息放在一起，就能找到问题的答案。

6. 答案是否就在你的数据库中

如今我们生活在信息大爆炸时代。正确利用这些信息，分析数据将使你更具洞察力，而且做事更具创造性。但要是用错了数据，你就会发现自己迷失在了数字、图形和表格之中。

那怎样做可以既避免迷失又获得洞察力呢?

很多人都会提起“大数据”。数据本身是没有意义的，它只是有潜在的作用。重要的是我们如何来分析它。与其一味钻研数据，寄希望于数据内部关联可以自动显现，不如先想想自己需要从数据中得到什么，再进行有目的的研究。

例如，你的问题可以是“为什么最近在我们的网站上购物的人少了？”你可以利用以下数据来进行分析。

- 你的网站浏览量有多少
- 浏览群体是什么人
- 这些人是不是现有客户
- 他们浏览网页的哪部分
- 他们一般会在网页停留多久
- 他们不会浏览网页的哪部分

根据数据得出这些问题的答案，你就不难知道人们在你的网站里干什么又不干什么，网站为什么没能达到更高的销售量，以及什么样的策略能达到这样的目的。

美国塔科马港市的 Point Defiance 动物园和水族馆利用大数据回答了一个很特殊的问题。他们知道天气和园内观光人数有关系，但不知道精确的联系。

在 IBM 公司和美国国家海洋和大气管理局的帮助下，他们分析了过去游客和天气的数据，得出了更准确的二者间的相互作用。如今他们知道了这种联系后，就可以更有效地安排人员上班时间。如果下周一是大晴天，就会安排更多的工作人员在园内接待更多的游客入园。如果周二是雨天，将会少安排一些工作人员。

还记得第一步是什么吗？他们已知这二者——天气和观光人数——是有关联的，但不知道具体是怎样相互作用的，所以他们借助数据来更精准地分析这一关联，最终找到联系并更加有效率地利用人力资源。

你工作中是否也有这样已知有关联却不知道精确联系的因素？你的工作是否也存在淡旺季？你是否能够精确地建立模型来分析峰值？你是否也可以像这样利用数据来解答现有的问题？

另一个位于美国的动物园，辛辛那提动物植物园想知道游客在游览过程中是怎样花钱的，所以他们就分析了园内所有食物销售点的数据。其中分析了游客在什么时间段集中购买食物。他们已经知道在下午三点以后食品销售额会下降，所以就在三点后关闭了部分销售点。然而在分析中他们发现在闭园前的一小时是冰激凌的销售高峰。这不难理解，一家人一起出来玩，吃过午饭再转转其他地方，孩子们累了开始闹，为了能顺利转完景点，父母就会去买冰激凌，这样一来每个人都开心了，孩子也能自己逛完后走到停车场去。

一旦动物园洞察到了这一点，销售策略的改变就很明确了：将所有冰激凌的销售点开放至闭园。

记住，他们的问题很清晰：游客是怎样消费又是何时消费的。他们了解得越多就越能洞悉游客心理，以便更好地决定策略。这里还有一点值得提醒，一旦他们从数据中取得了信息（冰激凌销售巅峰在闭园前），策略就变得很明确了（将所有的冰激凌销售点开放至闭园）。

当你分析数据的时候，尽可能将你想得到的信息具体一点。对于你的生意、你的客户，你又有什么问题？你想要得到有关什么的答案？在义无反顾投身于数据之前，先想清楚这些问题。

或许你所参考的数据可以很清晰地告诉你顾客到底要什么。Upworthy 是一个媒体网站，致力于发现、撰写和制作新闻稿。他们想知道什么因素会影响人们的阅读兴趣，他们对于一个故事是从头读到尾还是读一半觉得没意思就半途而废。他们分析了该网站的业务资料，来看读者会在每个故事停留多久，从这些信息中他们可以得知读者在哪个时间点会失去兴趣而离开。

他们发现文笔幽默的故事往往会吸引读者读更长时间。有了这个信息，他们的策略就显而易见了——尽量用幽默的笔触描写哪怕是严肃的内容。

他们发现悬疑也会使读者更有兴趣。所以现在他们尽量将故事写得跌宕起伏，让读者猜不透下面会发生什么。

通过收集和分析“关注时间”这一数据，每周他们都能发现哪个故事成功吸引读者而哪个故事又没有做到。当某个故事无法成功吸引读者时，他们可以看看是哪里让读者失去兴趣的，下次需要如何改进。

通过分析客户的行为，你又洞察到了什么呢？你可以发现是什么时候失去了他们的关注吗？

如今有很多公司可以帮助你通过分析数据提高业务质量。例如，学校希望每位老师发挥所有的潜能。但是校长又鲜少从学生——这个最了解老师的群体那里索取反馈。很多学校从不要求学生为老师评分，但这些数据对于评价教师而言至关重要。

收集反馈信息并不是那么难。只需要在学期末要求学生从五个方面来为老师打分：耐心程度、课堂纪律、责骂次数等。当然对于一个十岁孩童的答案需要谨慎对待，但如果 80% 的孩子都反映这个老师喜欢骂人，那这肯定就是有用信息。

还记得我上学的时候觉得最难熬的事情就是上课无聊。现在回头想想，如果大部分学生都觉得无聊，那就意味着有些事情不对劲。学校应该去收集关于无聊这个问题的数据，并设法减少让学生感到无聊的时间。可以从以下方面收集数据。

1. 让学生列出哪些课程觉得无聊。是几何？代数？还是历史？鼓励他们如实回答。

2. 如果哪个时间段有 25% 的学生都感到无聊，那就存在创新的潜力。

3. 让老师下一步想一想怎样让这段时间在教学的基础上变得有意思。

4. 一旦改良就使一周内感到无聊的人数低于 25%，重复上述过程，将目标定在 15%。

你的数据又告诉了你关于客户的哪些信息？这些信息告诉了你他们需要什么，又不想要什么？有了这些答案，你是否可以知道你的工作需要做哪些改变来吸引顾客呢？

备忘录 03

使用数据

- 你可以得到哪些数据？
- 你希望得到哪些问题的答案？（如辛辛那提动物园想知道游客的消费习惯）
- 数据是否可以帮你找到问题的答案？
- 如果是，你又从数据中得到了什么？
- 一旦得到了这些答案，你将会做哪些改变？

7. 与顾客换位思考

我们常说“客户是上帝”“我们公司的宗旨就是让顾客满意”等等，但真正站在消费者的角度思考的却是少之又少。贴近顾客最好的方式就是定期在顾客的角度体验自己公司提供的服务。

例如，一位书店经理就曾告诉我，他每周都要以顾客的身份在他自己的书店买一次书。每当他以顾客的身份走进书店环顾四周时，他就发现书店里有些布局需要改变。虽然他每天都在书店里待着，但只有以顾客的眼光看待时，他才能发现哪些需要改进。

有一次我碰见了一位大型食品零售总经理，他告诉我他每周都会去拜访客户，并通过看一看他们的碗橱和冰箱来洞察他们的购物习惯，然后陪顾客一起去购物。他致力于尽可能地贴近顾客来了解顾客的行为。

这儿有一个听起来还不错的改变，但站在顾客的角度就会发现实际是多么糟糕。

几年前我的信用卡过期了，银行给我寄了一张新的。我必须得一一记起我所有的自动付款项目并将他们转到这张新卡下，不然就会延误付款。假如我忘记通知保险公司这个变更，最终他们会给我打电话，我得说好几个对不起，再把新的卡号给他们。

（现在卡号好像可以自动更新了，给银行点赞！）

其中一个自动转账是捐款给慈善机构。在我换卡后的一个月他们给我打电话说“你这个月的钱忘捐了”。他们的措辞实实在在地激怒了我，我捐款是自发的行为，而不是因为我欠他们钱。

他们应该先感谢我之前的善款，然后再委婉地提醒我这个月的钱没有支付成功。然而他们用了普通公司催款的方式，但这一方式并不适用于慈善机构。捐助者和慈善机构间的关系是有别于普通公司和消费者之间的关系的。如果他们愿意站在捐助者的位置想想，捐助者是不愿意像个欠款人那样被对待的。

这里有一个关于换位思考的绝佳案例。很多年前我主持了“澳大利亚清洁能源科技大赛”，该比赛是澳大利亚政府主办的，旨在为新型科技公司提供支持与指导。这些新型科技公司的创新之处在于更有效地使用能源。这其中有很多很有意思的发明，包括回收玻璃制品制作化肥，将透过办公室、住家甚至汽车玻璃的阳光产生的热能转化为空调使用的电能。

这个大赛意图通过竞赛找到好的创意，并帮助这些创意变现。在2012 年，这个比赛的大奖被一家为企业提供照明设备的公司获得。

这又有什么好创新的呢？其实不然，它的创新点很多。

几年以前，这家公司发现照明行业正在发生着改变。随着电灯的普及，人们似乎对照明业唯一的需求就是各种照明设备。

但从21世纪以来，电费不断增长，人们也越发关心环境。突然间人们不仅仅需要照明设备，他们更希望可以节约用电，通过减少能源的使用来保护环境。

Enlighten公司发现了这两种不可逆的改变：电费的增长和能源保护意识的提高。所以他们开始思考怎样帮助客户节省电费开支。他们发现有些地方并不是一直有人，但灯却一直开着，例如停车场、走廊、厕所、楼梯间、紧急通道等。

很多人都从小养成了随手关灯的好习惯。但办公楼却在没人使用的地方浪费了很多电。

Enlighten发现了人们对节能灯具的需求在不断增长这一事实。他们通过计算得出这种趋势会持续并增强，从而开始站在消费者的角度思考。如果电费持续走高，那消费者想要哪种产品呢？很显然，节能的产品。那作为公司怎样做到呢？很简单，帮助他们“随手关灯”。

一旦Enlighten发现了消费需求，只需站在消费者的立场上提供产品就可以了。

Enlighten公司生产了一系列商用产品，为公司尽可能地节约用电。在家用方面该公司也有相应的突破：包括感应开关——可以在人靠近的时候自动开灯，离开后自动关灯；定时器；亮度调节器等。或许你在厕所、楼梯间、走廊、停车场已经看到了这些产品。

这里还有一个关于换位思考的案例。药店一般销售健康产品，如药、维生素、洗发膏、驱蚊器等。但是为什么我还会经常在药店里看见玩沙子的桶和铲子这些玩具呢？这些东西和健康产品并不相关。

答案是这家药店的工作人员知道要站在顾客的角度思考。这家药店就在海边。他们销售防晒霜，各式各样的防晒霜。然后他们发现顾客在去海滩的路上来买防晒霜，那他可能也想买顶帽子，也许去海滩还带着孩子，那就需要再买点玩沙子的玩具了。故而他们发现顾客来买防晒霜，然后看到了帽子还有玩沙子的桶和铲子，没准儿就一起买了。

他们所做的就是揣测顾客都想买什么，然后提供。如果一位顾客来买防晒霜，那他很可能也需要帽子和沙滩玩具。即使玩具不是药店商品的范畴又怎样呢。

想想你的顾客，在你提供的服务和产品外还需要其他什么呢？如果你卖跑鞋，那你的顾客可能还需要护腕、功能饮料和鸭舌帽。如果你提供管道维修服务，那你的顾客可能还需要一名杂务工。如果你提供的是航班机票，那你的顾客可能还需要接机服务和目的地住宿。顾客希望生活尽可能便捷，这就意味着他们希望牵扯的公司越少越好。所以帮助他们获得便捷的生活，猜想他们需要什么就提供什么。但这并不意味着一个水管工也必须成为一名杂务工。相反，你可以找一名杂务工合作来拓展彼此的业务。

站在你的顾客的立场上思考，并仔细考虑以下问题：

- 你的顾客真正需要的是什么？
- 他们需要什么样的改变？
- 四年后他们又会增加什么需求？
- 四年后他们又会减少哪些需求？
- 你和这些需求的改变又有什么关联？
- 在以后的四年间额，将会发生哪些巨大的改变？
- 你所在的行业如今有什么样的趋势？
- 这些趋势中有哪些在之后的五年或十年间会持续下去？

- 这些趋势会创造哪些新的需求？
- 什么样的产品和服务将会满足这些需求？
- 为了提供这些产品和服务你又会怎样做？

尝试真正站在消费者的立场想问题，而不仅仅是说说而已。站在顾客的立场，尽可能多地体验你所提供的服务。走进你的商店并实际购买东西。在这个过程中有哪些好的体验？又有哪些不尽如人意之处？

给你的客服打电话，反映你遇到或看到的问题，看一看解决问题是否简单。你在电话线上等待了多长时间？第一位接电话的工作人员是否顺利解决了你的问题？有人给你回电话吗？如果有，等了多久？在这个过程中什么事情让你印象最深？那个部分可以改进？你觉得对方在设法帮助你还是在搪塞你？你是否感到对方很想帮你，但被硬性规定绊住了脚？

当你发现有些事本可以做得更好的时候，坏消息是你有麻烦了，但好消息是你意识到了问题，并可以尝试寻找最好的方法来改善。

打开你的网站，搜索想要的信息是否容易。想象你是自己生意上的合作伙伴。网站里哪些部分最打动你，又有哪些地方不清楚或者没有用。

有时候公司网站过于渲染公司是多么专业，经营得多好，而忽略了介绍它可以怎样去帮助客户。站在客户的角度，才更能认清他们真正需要的是什么，你的公司又能提供哪些。

想一想怎么完善客户体验。例如，一些快递公司会提供单号查询来追踪包裹的位置。这令快递公司受益，因为如果客户可以自助查询，就不用打电话给公司了。另外知道包裹的具体位置也会让客户感到安心，从而改善客户体验。

帮助客户迈出下一步

在客户选公司的时候他们会经历一系列的步骤。例如在网购之前需要做以下事情：

1. 想要找到网站
2. 找到网站
3. 浏览主页
4. 找到需要的产品
5. 对该产品感到满意
6. 对价格感到满意
7. 确认自己负担得起
8. 选定产品
9. 办理结算手续
10. 结账

类似地，在找水管工、管理顾问、律师之前也会经历一系列步骤。例如在选定律师前需要：

1. 发现请律师的需求
2. 找到 A 律师
3. 决定请 A 律师
4.（通常情况）初步联系一下 A 律师的客户，询问是否对 A 律师的业务水平感到满意
5. 预约 A 律师
6. 在初步见面后决定请 A 律师
7. 签合作协议，确定价格

你的客户又是怎样决定和你合作的呢？将决定过程拆分成几个步骤。站在消费者的角度思考一下这几步。有没有哪一步不是那么简单

便捷？如果有，那你就发现了创新的机会。

想一想有什么方法可以让每一步都走得很通顺、便捷。

这里有一个案例。十年前报纸的标题旨在告诉你新闻的主旨是什么。例如，如果政府的预算遭到大众反对，标题就会写成《恐怖的预算》。

然而如今大量的信息通过网络传播，门户网站希望浏览者点开尽可能多的新闻，从而看到更多的广告。以前标题旨在概括新闻大意，现在意在吸引眼球。想要写好这样的新闻标题吸引点击率，如今记者就更需要换位思考，站在浏览者的角度考虑，什么样的标题可以吸引他们去点击。

澳大利亚新闻网 2014 年的头条新闻配图是一位 20 多岁男子的上身照，标题写着：

> **为什么我们需要更多像里斯一样的人？**
> 每个人都喜欢他，如果没有更多像他一样的年轻人，我们都会感到难过。

我当时感到非常好奇。里斯是谁？我们为什么需要更多像他一样的人？如果这样的人不做他们现在正在做的事情，又会发生什么？所以我点开了这则新闻。

里斯实际上是一名砖匠。这则新闻是说澳大利亚现在面临砖匠短缺的问题。我只读了新闻的前几行就关闭了页面。我知道砖匠短缺是大事，但是如果新闻标题是《澳大利亚面临砖匠短缺》，我肯定是不会点开这则新闻的。我受到吸引点开这则新闻，不得不佩服写新闻标题的作者很聪明，他想到了将关于砖匠的新闻变得吸引人的办法。

他肯定是站在读者的角度思考了。

还有一个案例。最近我在门户网站看到一则新闻《减肥的奥秘》。点进去一看，原来减肥的奥秘就是少吃一些。这哪算得上是奥秘，但是却获得了点击率。

所以怎样让你的顾客愿意更进一步？什么会促使他们选择你？站在顾客的角度去解决这些问题。站在他们的立场，用他们的思维方式回答这个问题，然后照做。

问问自己："我希望顾客怎么做？"

再问问自己："怎样可以简化这个流程？"

假设你的顾客正站在竞争对手的商店里。你希望他们怎样做？你肯定希望他们赶快离开那家店，然后去距离最近的你的分店来购物。对呀，就要这样！假装事情就是这样。

创新并不是一定需要很有突破性的想法，但有时这种想法很有用。下面这个故事告诉我们，当你开始问自己顾客到底需要的是什么的时候，哪怕是很简单的问题也能从中获得灵感。

肉食公园（Meat Park）是位于危地马拉的一家销售名牌运动鞋的鞋店，因为常常打折而拥有很多年轻消费者。肉食公园希望推出一轮创新的促销活动来刺激消费，所以他们的 APP 推出了新的功能"打劫"。

当 GPS 定位到他们的顾客进了竞争对手的店，APP 会自动显示你所能在肉食公园享有的折扣："99%"，然后是"98%""97%"，以此类推。当你越快离开竞争对手的店并进入最近的肉食公园店时，你将会得到越高的折扣。如果当你进入肉食公园时手机显示"65%"那就可以以原价的 35% 来购买商品。如果行动得慢一点，进入店时显示的是"28%"，那就意味着支付原价的 72%。

所以人们就会走进竞争对手的店，拿出手机刷折扣然后以最快速度跑进最近的肉食公园的连锁店。

这是一个很绝妙的点子，巧妙地证明了肉食公园深谙刺激消费者之道。他们的消费者想要什么？有折扣的好鞋。如果说让他们通过运动来得到折扣，他们会乐此不疲。

这里还有一个反面案例，展现了懒得站在消费者立场去思考的后果。

我的一位朋友正在寻找新的金融顾问。她通过一位很靠谱的朋友的推荐得知了一家公司，她打开这家公司的网站，里面全都是成功案例，说这家公司是怎样帮助他们的客户做出明智选择的，并帮助他们达到资产的增值和财产安全。我的朋友非常动心，想看看究竟是谁在运营这家公司。

她找遍了网站，却没有看到到底会是谁来提供咨询服务，只有一个邮箱地址和电话让她通过联络来获得更多的信息。所以她关掉了网站来另寻他人。

她想知道是谁来帮助她理财。她想知道这位理财师是否很专业并经验丰富。简而言之，她想获得一种安全感。

这家公司却犯了一个错误。在公司网站上他们尽可能地彰显公司是多么成功。这是对的，但是如果他们站在消费者的角度上想一想，就会发现他们所销售的不是理财产品，而是一种信任。我的朋友不会放心将她的血汗钱、养老钱交给一家公司。她更愿意去相信一位实实在在的个体，而且她希望去了解这个人。当她找不到关于这个具体的人的信息的时候，她就会觉得不安全，那她当然就选择离开了。

所以问问自己：

- 你究竟在销售什么呢？信任？便捷？心安？激情？站在消费者的角度好好想一想。
- 你的顾客希望找到哪些信息，才会觉得和你合作很踏实？
- 你的顾客害怕什么？什么会令他们却步？

揣测他们的思维，这样你就会发现你需要提供什么来获得他们的信任。

当有些事情出问题的时候，那将是创新的机会

最近我家有一台家用电器坏了。我给厂商打电话，他们说会在一小时内给我回复。确实有人给我回复了，但是是在四天之后。他们在两个方面同时破坏了品牌信誉：第一，回复的等待时间过长；第二，许诺了办不到的事情。这种事情很重要，顾客会记住的。

把你们公司和顾客每个层面的互动都捋一遍。然后问问自己：

- 有什么改善客户体验的办法吗？
- 有没有任何一个步骤会激怒消费者？如果会，怎样去解决？

一般而言，如果你的工作是提供产品或者服务，那消费者希望与你互动的时间越短越好。例如，每个人都希望尽可能快地买到一部新的手机、吸尘器或是车。他们尽可能快地完成交易，然后离开，并希望短期内不要再回来。这是人之常情。人们也不希望花太多的时间在会计师、IT 咨询师、管道工或律师身上。他们希望可以尽快地解决问题，然后继续自己的生活。

这个过程中如果出了任何问题，那与客户间的关系都得重新建立。例如，一位消费者买了一台新的电脑，三个月后电脑出了问题，不得不送回厂家。从发现电脑有问题到修好送回顾客手里这段时间，会给消费者留下很深的印象。如果这家公司很重视消费者，尽可能减少消费者的不便，并友好对待消费者，就算它卖了一台有问题的电脑，消费者反而可能对这家公司给出更高的评价。

相反，如果这家公司拖拖拉拉，不管不顾消费者，维修服务一拖再拖，那消费者就会考虑下一次买其他品牌的电脑。

当站在消费者的角度思考时，我们要从方方面面去思考，并问问自己怎样去改善这个流程。怎样让你的顾客感到被关注，并且让他们觉得公司对于客户的不便感同身受。是否可以提供一个暂时的过渡产品？有问题的产品是不是可以尽快维修并送回？可不可以送消费者优惠券来表达歉意？是否可以亲自打通顾客的电话致歉？

如果给消费者留下的印象是“有些地方是不好，但是他们尽了一切努力来关照我”。那么这位消费者很有可能变成回头客。如果消费者的印象是“他们只是做了保修卡上规定的东西，并不是真心感到给我造成了不便”。那这位消费者十有八九不会再来了。

备忘录 04

发现你的顾客真正需要什么

- 站在消费者的角度体验自己的服务。
- 问问自己“顾客到底要的是什么？不想要什么？”
- 怎样可以令潜在客户感到便捷，从而迈出下一步？
- 找到你的客户想要的产品和服务，并看看自己是否可以提供。
- 出现问题的时候，就是表现你对顾客重视程度的机会。

8. 未雨绸缪

很多时候，当我们更新了一种更有效的流程、规定或系统，我们总会暗示自己所有事情都会很顺利。但万一出问题了呢？你是否为失败做了准备？如果出了问题，造成的是小小的不便，还是灾难性的毁灭呢？

很多人都对机舱厕所仍设有烟灰缸而感到不解，不是已经明令禁止机内抽烟很多年了吗？难道这些飞机都这么旧吗？难道是航空公司懒得拆？其实烟灰缸存在的原因是防止航空公司的系统出问题或是有人违反了规定。如果某位旅客就是不管写得明明白白的禁言标语，非要抽根烟，他会去哪儿抽呢？很有可能是在厕所。他会怎样处理抽完（也许还冒着烟）的烟头呢？他也许会扔进马桶冲走，又或者会扔进满是废纸的垃圾桶。这可能会引起火灾，在高空飞行中，这是异常危险的。机舱内提供烟灰缸就是以防有人无视禁令，至少还有一个安全的地方扔烟头。

航空公司并没有假设他们的规定会一直被遵守。相反，他们很聪明地预见到规定有时会被无视，并思考：一旦规定被打破，他们需要怎样做，来尽可能减少损害。

我尽量提醒自己不要把水杯和电脑放在一起。虽然我并不是那么笨，也记不得最近一次打翻水杯是什么时候的事儿了。但是我知道一旦我打翻了水杯，不想也毁掉我的电脑。我尽量不将这两者放在一起，就是在未雨绸缪。一旦我打翻了水杯也不会造成太大的问题。

审视一下你的规定，并问问自己：一旦它们被打破了，会有什么样的后果？如果说打破规定会带来灾难性的后果，你可以采取什么样的办法来减少损害呢？

将你的流程和系统全部打散，并看看任何一部分出问题，会造成什么样的后果。在你看到明显或潜在威胁的地方，为可能发生的损害作准备，并看看怎样使它们变得更小。

备忘录 05

打破惯性思维

- 质疑一切。
- 列举一切假设。它们都是有效的吗？
- 科技并不总是答案（有时候是的）。
- 再定义你的问题。如果不能得到你想要的结果，退一步看看。
- 很多时候解决办法就在你的眼前。你的数据库里有答案吗？
- 与消费者换位思考。
- 未雨绸缪。如果出了问题，怎样减少不便？

很少思考的四大原因

现在我希望你已经被我说服了（如果你需要被说服的话），也同样认为找到改善事情的方法对于工作而言，是一件有用、有效，而且很必要的事情。可又是为什么我们经常无法这么做呢？

我在演讲时经常问观众为什么没有多花时间来思考如何改善。下面是最常见的答案。

“我没时间”

这是最常见的借口，而且确实可以被理解。说到忙碌，人们并没有在开玩笑。但是如果你将所有的时间都花在了今天的工作上，那的确没有时间为明天做准备，我建议你可以调整一下事情的优先级别。

一切都在改变或已经改变。如果你不弄清楚怎样改进你的工作，你终将会被淘汰。

所以怎样腾出时间？那就是态度和事情的优先级别。人们总拿忙碌当作没有时间思考的借口，那是因为他们有意无意地，并没有认为创新和其他工作一样重要。他们认为这件事情只是额外的任务，偶尔做一次就万事大吉。

如果你认为哪件事情是重要的，你就会为此事腾出时间。你听人这么说过吗？“我做了一切能吸引顾客的事情，说服他们，他们终于决定要买了。但是当我做完这一切后我发现时间不够了，虽然他们特别喜欢，但我还是没有把车卖给他们。希望他们明天还来，我再卖。”没有人会这么说，大家都知道销售额对于一切生意都是极其重要的。

不幸的是创新很容易被推迟。思考改善的方法总不会比完成销售额更重要。但是对于整个公司而言，得到一个创新性的想法却比完成一单生意更重要。

当你想拖延创新的时候，提醒自己十年后所有事情都会变。你的公司是改变还是被淘汰。

如果你也认为创新这么重要，那就腾出时间来做。我并不是说让你用生命中的一半时间去创新，1% 或 2% 的工作时间就够了。这并不是太多。请将这件事记在你的日程里。每天固定一个时间来创新，并确保不要在该时间段安排其他工作。当思考时间到时，关掉手机。离开平时工作的地方也许会更加有效。

也许养成一个习惯很难，但保持一个习惯却很容易。如今我每天早上都会做 20 分钟瑜伽，这件事情对我而言并不难，因为我已经形成了习惯。我保持这个习惯已有两年半，所以现在我都不会去想放弃。

一开始我必须下很大的决心，因为我并不喜欢锻炼。而且做瑜伽很疼，真的非常疼！我每次都得强迫自己去做，一个月后就变得也不是那么疼了。强迫自己的事情也慢慢变成了一种习惯。现在我一起床就会做瑜伽，我甚至都不会去想放弃，或是纠结要不要做，就像刷牙一样成为了一种习惯。

习惯的好处是每天不用纠结是否要去做。和自己谈判是一种伤神又费力的工作。你花了所有时间来说服自己，当你说服以后，也许别人一半的事情都要完成了。

如果你想花时间思考创新，不要再纠结，单纯地遵循一个简单的原则：每天花十分钟思考改善事情的方法。这样你就不需要意志力了，只要遵循原则就好了。

这就是我完成第一本儿童读物的方法。我发现在哄孩子睡着以后我通常都会看一个多小时电视，这个时间本该用来写作。所以我给自己制定了一个规则：在完成小说之前不许看电视。之后每晚我都没有再看电视，而是进行写作。我不用再烦恼是否要开始写或者是什么时候去写。很简单，孩子上床睡觉后，我花一小时写作而不是看一小时的电视。

如果你愿意花更多的时间来思考创新，那很好，但是你只做到了一半。你依旧需要下决心来养成这样的习惯。养成一个习惯很难，但一旦你做到了，保持习惯就变得容易多了。

“我就是没有创造力”

这也是人们为自己不去思考创新开脱的常用借口。我的回复是：“不！你肯定有！” 你小时候每天都在涂涂画画，自己创造游戏，过家家扮演其他人或动物。这曾经是你的工作。你真的想告诉我这些东西都是没有创造力的吗？如果你在孩提时拥有创造力，那你成年后也一定可以拥有创造力。也许你近期并没有用到过创造力，但这不意味着它会消失。就像你的肱二头肌不会因为不锻炼就消失不见。它们一直在那儿，当你恢复锻炼的时候它们就又会膨胀。

这里我想批评广告业。它一直通过给一些人贴“创意人员” 的标签来渲染一种神话：创造力只属于一些人，而其他人没有。这在暗示其他人都没有创造力。

我见过很多的人，他们有的有绝妙的发明，有的有很棒的创新，有的找到了很聪明的做事方法，但其中很多人一眼看去都不像是创意人员。他们中有些人很害羞，很安静，循规蹈矩；有些人也许智商并不高；又有很多人的工作让你无法和创新联系在一起。

给你贴上“没有创造力”的标签是一种借口。认为自己没有创造力只是在逃避。你不用再经历复杂的过程，拿起纸笔试图写下涌出的灵感，因为你已经告诉自己你是不可能想出原创的点子的。

通常来说当一个人说他缺乏创新力的时候，他心里真实的感觉是缺乏自信。就算是他有了灵感 ，在往下想的过程中只要碰到了困难——这是不可避免的——他们就会觉得这恰恰证明了自己就是无法创新，然后放弃。

别再纠结自己是否有创造力。这对于是否可以创新而言是微不足道的一个因素。重要的是决心。我开头就说过，创新者并不是天生就和我们其他人不一样，只是有一件事比我们做得好。他们遇到困难从不退缩，全力以赴，而且比我们其他人坚持了更长的时间。当我们碰到困难想不出解决方案的时候，大部分人会选择放弃。而创新者会继续努力。他们的内心足够强大可以忍受更长时间的失败。在坚持的过程中他们往往就获得了成功。

创造力常被高估，而坚持和毅力却总被低估。

当我写小说的时候，我不会去等待灵感。我就在白纸上写下我能想到的第一个想法，很多时候那看起来并不是很好，所以我再尽可能修改它，让它变得更好。如果我只是坐在那儿等待最好的想法，那我永远都不会写出来。我写出的每一个好的故事都是从不完美修改而来的。写完后我会不停修改，每一次都会让它更好。

在我的创新工作室，我经常要求人们发现他们工作中的创新机会，并想一想如何从这些机会中获利。在我的经验中，工作室里从来没有一个人连一个改善想法也想不出来。许许多多各行各业的人——护士、策划人员、学生、经理、银行职员——每个人都会想出一些改善现状的方法。而且我只给了他们六分钟时间来思考！

不要担心自己是否比别人更具创造力。去寻找创新的机会，然后全力以赴，直到得到答案。如果你觉得自己的想法不是很好，那也没关系，看看能不能把它变得更好。

“创新不是我的工作”

还有一个人们不想去思考改善的方法的原因，那就是因为他们认为这并不是他们工作的一部分。不，它是！不论你的工作是什么，把它做得更好都是你工作的一部分。

我理解很多公司觉得员工应该做自己的本职工作，举个例子，零件工人的职责就是做零件。但聪明的公司发现他们需要不停地改善他们做的零件，并且他们很清楚地告诉所有人每个人，都应该想办法让零件做得更好。

当然，很多公司都不这么做。我会在第七章详细探讨这个话题，但请允许我在这里再一次强调，创新是每个人的职责。所有人都应该思考怎样把事情做得更好。

以上是人们不去思考如何把事情做得更好时常用的三个借口，但我认为下面这个才是最主要的原因。

“思考很难！”

毋庸置疑，思考很难，确实如此。如果你听了我的建议，发现了工作中可以创新的机会，并将其写在白纸的顶端，然后开始思考它，那下一步呢？

你看着白纸上的问题，大脑高速运转，如果没有一个好的想法涌现，你可能会觉得烦躁和乏味。没过多久你就会发现自己开始想“这太难了，我做不到”。

是这样的，如果这样的事情发生，那就意味着你做对了。

思考的确很难。它就是这样，对每个人都如此。

令人害怕的白纸

我在写儿童读物时，不知不觉就写到了165页，我不禁沾沾自喜“这简直太棒了！”然后我翻到166页，看着一片空白，我不知道还能写什么。没过多久我就觉得既乏味又烦躁。好消息是，这很正常。我采访过很多作家，其中不乏有名的畅销书作家，我问他们是否依然觉得写作很难，大部分的答案是肯定的。

最近我们每天早上都得面对一个写满了近38件必做事情的日程表。我们并不总是发现自己要从零开始，但如果是这样那是很恐怖的。

创新要求我们思考新的事物。在大部分工作中，我们多数时间是在处理常见的类似事件。通常我们会选择听令，因为被动去做比主动找事情做更简单，因为要做什么是已经存在了的。例如，你的上司给你发个邮件，告诉你需要做以下三件事，你会选择照做。我们在挑战创新、去思考改善工作的新方法时会感到不适、不熟悉甚至很害怕。有时候就是这种感觉让我们觉得难以办到。别这么做！

创新是很难！那要比回复一封邮件难得多。尝试着不要被白纸吓倒。不管你信不信，在你过去的生涯中，你有很多次都填满过一张白纸。

在学校你会面对很多白纸，你需要去写故事、创意和论文。毕业后你的未来更是一张白纸，需要你去决定未来想在这张白纸上如何书写。甚至有的时候问你连问题都不甚清楚，但你还是搞定了它。

想一想你工作的公司。都是创业者在不知道下一步要怎么做时开创了它，然后通过不断努力和思考确定了创新的方向，从无到有最终建立了你所在的这家公司。

你最爱的电影，最爱的书，最爱的音乐——无一不是起源于一张白纸。白纸的优势在于没有既成的规则，没有现状，没有假设，没有“正确”的填写方式。只和你还有你的想法有关。很多伟大的事情都起源于一张白纸。

我们很多人的工作都需要按照一定的方法和流程去完成。但有些行业生来就有白纸的特性。例如广告业，它们虽然有既定的流程和系统，却必须时时刻刻想出新鲜的创意。顾客也许会要求在两周时间内为新的巧克力棒想出一个 30 秒的广告。

所以说广告业被强制创新。从业者们必须盯着 30 秒的空白影片，想方设法用新颖、有趣、充满信息的方式去填满它。创意是他们工作的重要组成部分。

放下压力

人们无法填满白纸的一个重要原因就是给自己太大的压力，觉得必须立刻想出一个绝佳的方法。不用一定等着那个绝佳的想法。只要能有一些灵感就好，你可以之后再考虑这些灵感是否够好。重要的是先想出一些。这一方式的有用之处如下。

1. 建立自信。一旦你证明了自己也可以想出一些东西，那下一次就会变得简单许多。

2. 很多开始看起来不那么好的想法最终会变成很有价值的东西。

3. 想出任何一种想法都是很好的练习。就算是这个想法最终仅仅是全无价值的想法。很多创新者都在成功之前失败了很多次，从没有什么用的想法中学到了很多。在脑海中练习创新得越多，就越有用。

拿一张白纸挑战自己或你的团队。挑一个问题或机会写在白纸的顶端，然后对着它思考。如果你分心或坐不住都没有关系。把自己的思绪拽回到眼前的任务上来。不用强迫自己必须得到好的想法，只要有想法就好。

感到无聊

如果你尝试创新却没有想到任何有用的想法，你很有可能会感到无聊。这个时候很多人就会选择放弃。坚持下去！你的无聊可能会帮助你想出有用的点子。

2014 年东兰开夏大学（University of East Lancashire）的桑迪·曼恩博士（Dr Sandi Mann）和丽贝卡·卡德曼（Rebekah Cadman）博士做了一系列实验来验证无聊和创意之间的关系。首先，要求 40 个人完成一个稍需创造力的任务：竭尽所能找出塑料杯子的新用法。然后要求另外 40 个人完成同样的任务，但这次任务之前他们需要完成一个很无聊的任务——从电话簿里抄写电话号码 15 分钟。

实验结果表明第二组在做了很无聊的任务之后，想出了比第一组更多的想法。

第二轮实验他们用了三组人，每组 30 人。第一组只做创意任务；第二组抄写电话号码后做创意任务；第三组在创意任务之前做更加无聊的一项任务：读电话号码。

研究人员再一次发现第一组最不具创造力。他们也发现读电话号码的第三组比写电话号码的第二组更有创意。实验得到的结果是，越是被动无聊——就像完成读电话号码这种事情——越能激发创造力。曼恩博士说：“工作中无聊的事情总是会被淘汰，但是也许正是这些无聊的事情，才会激发我们的创造力。”

如果你刚开始思考新想法就感到无聊了，这没关系。这是很正常的，如果你坚持下去，无聊过后将会出现灵感的涌现。

备忘录 06

不要再为拒绝思考找借口

- “我没有时间。”一天腾出 10 分钟并在你的日程表中写下这个安排。
- “我没有创造力。”不，你有！你并不是没有创造力，也许你只是缺乏锻炼。
- “创新不是我的工作。”不，这本应该就是你工作的一部分。
- “思考太难了。”这话说得太对了，但它是值得的。

如果你陷入困境怎么办?

在思考新事物的时候难免会陷入困境。想想发明汽车、电话、电灯或花生酱的人陷入了多少困境才成功。这是创新过程中很正常的一步，不要因此就自责不已。这里的一些方法或许会在你陷入困境时有所帮助。

打破惯性思维

复习一下前面讲过的打破惯性思维的常用方法。

- 对一切质疑。还有没有更好的办法?
- 思考的假设基于什么?
- 也许技术不是答案（或技术恰恰就是答案）。
- 分析数据是否会帮助你洞察些什么?
- 站在消费者的角度分析，会不会有所帮助?

这儿还有其他一些方法。

罗列信息

如果你想要分析提高供应链效率的办法，就尽可能多地找到有关的信息。分析这些信息，与更专业的人讨论，并看看其他公司怎样部署他们的供应链。

你对一个东西了解得越多，就越容易想出改进的办法。除此以外，在你收集有关信息的同时，你也在思考改进的办法，你花越多的时间思考，就越容易想出好办法。

给你的大脑一些时间和空白——放空思维

早前我说过智能手机和连通性，让我们在一天思考中放空大脑享受安静时光的时间减少了，这在很多地方都是通用的。灵感总是会在不经意间出现，当我们随意地想着一些无关紧要的事情时，灵感反而会悄然而至。在你遇到瓶颈时，放空大脑，关掉电源享受白日梦——也许在你坐车回家时，或是在走路时，也可能是吃午饭时。如果你的大脑一直很活跃和忙碌，那灵感就没有地方来扎根生长了。

锻炼

走出家门去散散步或者跑跑步。无论何时，在我散步或跑步时总会获得那么一两个灵感。那并不总是很好的想法，但总是或多或少能帮得上忙。也许可以放进我正在写的书里，或是用在我将要做的演讲里。随身带着纸笔或其他可以记录灵感的东西。我通常在跑步时会随身带着手机，灵感来时就录音记下来。唯一的问题就是，我在回家后回放时，能听到的就只剩下喘气声了。

如果你的健身房里总在播放电视节目,或你一直戴着耳机听音乐，那么你可以试着停下来，给自己一点安静的时间，别让这些嘈杂把灵感挤得无处安放。

通常回报都会晚一点到

在我开始表演单人脱口秀的时候我还在做全职律师。就算是周六的下午我仍坐在桌前绞尽脑汁地写段子。那并不简单。段子并不是那么容易想的，甚至很多时候坐了两三个小时都没写出一个能用的。很多次我一直在和自己较劲，明明想出一个很好的笑点，但不论花多少时间盯着它，都不知道怎样变成段子才能引得观众哈哈大笑。我本以为这是在浪费时间，但通常一两天之后，我回过头会发现一种全新的视角，突然间说段子的方式变得显而易见了。

思考创新的点子也是一样。在一开始的十分钟也许你并不会想出什么，但你花的时间越多，就越容易想出来。将你的机会或是问题记在脑子里，心里惦记着，没准在回家的车上或洗澡的时候，或走路的时候灵感就来了。你无意间听到的或看到的都可能会触发你的灵感。

记在心里，放开思路

我在讲公共演讲研讨课时提到了幽默感，我跟大家说最重要的就是放开思路并持续寻找。灵感也是如此。耐心点，放开你的思路，把问题或机会记在心里，也许不经意间灵感就来了。

在枕边放张纸，放根笔，万一临睡时想到了什么就可以记下来。半夜醒来时，如果想到了什么也应该赶快记下来，但请保证你写的字自己能看懂。有一次我半夜起床，想到了一个绝佳的笑话。我没开灯就写在了我的便笺簿上。次日，不论我多努力地去破解，这也只是涂鸦，完全看不懂写的是什么。我觉得其中一个词是香蕉，又好像是香草。到现在我还在想那到底是什么笑话，但我知道那个笑话肯定很精彩。

我在写这本书时，头脑中经常浮现出一些想法。我不断地打开看看新的创新的案例，或是我生活中的事件是否和正在写作的主题相关。

与人交流

很多时候与他人交流一个问题、一个机会或尚未成形的想法会得到很多。也许那个人可以帮助你完善创意或解决问题，但就算他什么都帮不上，分享的过程也会让你的思路更加清晰。在你和人交流的过程中，有时就会有灵感出现，他所问的问题或做出的评价都会帮助你催生出很多想法。

一旦有灵感，展开它

一旦你有了灵感，尽可能不要去想它是否可行，要集中去思考怎样展开它，进行头脑风暴。写下尽可能多的想法，不要去评价它们。

灵感总是来源于柔软、梦幻、富有创造力的思考。重点在于不要那么早就陷入细节的泥潭，要让灵感生根发芽，向着所有可能的方法展开。

软想法 vs 硬想法

一旦完成上一步，就应该开始脚踏实地了。我们需要一个柔软的、梦幻的环境让灵感萌芽，但当开始解决问题并试图将其变成现实时，就需要脚踏实地冷静思考细节了。列举你的想法所面对的一切实际问题，然后尝试解决。

然后你需要主动去寻找所有可能的问题。你自己主动找到好过将来其他人指出。将你的想法与他们分享，并问问他们是否看到问题和改进的机会。如果他人找到了你没有看到的问题，不要立刻反驳。相反，你要积极寻找解决办法。

尝试着算算展开你的想法需要多长时间，又需要多少投资。投入实验需要多少资金？实施它又需要投入多少？

然后算出这个想法会挣多少钱，又会省多少钱。这些事情都不能单靠直觉，而应客观地计算亏盈。费时费力地上马一个连前期耗资都赚不来的项目是毫无意义的。就算这个想法很好，很精妙且具有改革意义，但底线是要能赚钱。如果不能，那最好开始考虑下一个。

如果你觉得你的想法是可行的，那就找出办法来实现它。将你的想法从头到尾地走一遍下面的流程。

- 这个想法怎样运转？是不是所有的可能性都想到了？还漏掉了什么吗？如果漏了什么，要怎样填补，或者又需要什么样的帮助？如果需要帮助，谁能提供帮助？
- 列举出可能碰到的所有问题，然后想一想如何解决这些问题。
- 在遇到瓶颈的时候和其他人讨论，看看他们有没有不一样的解决视角。
- 如果还没有解决，退一步重新审视问题。这个问题对于该想法而言是致命的，还是只是小问题？如果实在解决不了，这个想法是否依旧有价值？
- 展开想法下一步需要怎么做？（第三章有详细的介绍。）这一步需要多少资金投入？进一步的潜在收益又有多大？实现这个想法还需要什么？
- 如果你的想法可以实现，那对于你的团队而言意味着什么？谁会去实施它？实施这个想法会不会改变某人的工作？如果会，将会产生什么样的影响？
- 你的想法实现的成本有多大？尽可能精细地计算时间和金钱的成本。想要运营的成本需要多少？
- 实现这个想法的优势是什么？同样，尽可能精细地计算上马这个想法所能挣到的钱或省出的钱。如果你能证明你的想法带来的收益将会大于成本，那将是你项目上马的有力证据。
- 你需要说服谁来实现你的想法？预想他们所能想到的一切反对意见，并想出反驳的理由。

备忘录 07

走出瓶颈

如果你在尝试解决问题或从创新机会中获益时遇到瓶颈：

- 找出一切你能找到的该领域的相关信息。
- 不要把所有的闲暇时间都交给手机，给自己留一些时间来思考和做白日梦。
- 和他人讨论问题或者机会。
- 锻炼身体。
- 耐心等待。

一旦有了灵感：

- 竭尽所能展开这个想法，不要去评价它。
- 然后脚踏实地预测你的想法可能遇到的一切问题，并试着解决。

第二章 为你的想法估值

创新的第一步是要有想法。第二步则是为你的想法估值。这就是说，要重视它。这听起来简单，但实际并不如此，当我们有了想法以后，并不会去衡量这个想法很棒还是愚蠢至极。我们常常会下意识地觉得想法很一般就放弃了。

当有了灵感的时候，一开始你会非常激动，没多久就会开始质疑。

- “这可能也没多好。”
- “这其中肯定有什么问题是我没有想到的。”
- “如果不成功怎么办？”
- “我怎么可能想出这么好的办法呢？”
- “如果这真是一个好点子，那应该早就有人想出来了吧？”

质疑自己的创意是很正常的。你觉得第一个想出车轮、冰激凌或围巾的人知道他们正在改变历史吗？他们和你我一样对自己做的事情很犹豫，既兴奋又怀疑。

这几年间，总会有人找到我并跟我说“你知道吗？在《新发明家》里的那个发明是我早就想到的。”

我通常会回答：“太棒了！”因为想出一个好点子是值得表扬的。然后我会问：“那你想到之后做什么了吗？”他们通常会低下头回答说：“我还什么都没干。”

如果一个想法没有后续的发展，那就只是想法而已。他们从没发现这个想法有多么好，因为他们并没有足够重视。

你脑海中没有付诸实践的想法是改变不了世界的。评价想法价值的唯一办法就是为它估值，助其发展。

设想一下你有一个灵感，但由于你犹豫，其价值就没有得到实现，没过多久另一个人想到了同样的点子，付诸实践并大获成功。

不要让这样的事情发生！

我们不愿意为想法估值的主要原因就是我们害怕失败。如果我们发现想出的办法一文不值，我们会觉得很沮丧并且很蠢。

我们都遇见过这样的人：不停地告诉别人事情应该这样做，应该那样做，但从不发表个人意见。他们在别人面前避免发表个人意见来逃避有可能的评价和自己不如别人好的事实。

如果你想要创新，那你最好调整好心态来面对失败，因为这是创新过程中不可避免的一步。没有失败就成功是很罕见的。想想你擅长的事情：你所做的工作、弹钢琴、引体向上、航海、朗诵等。你第一次做的时候就能做得很好吗？你肯定没有做得很好。谁能第一次坐在钢琴前就弹得很好呢？谁会第一次朗诵就大获称赞呢？

把任何一件事做好的唯一途径就是尝试，失败，再尝试，再失败，尝试更多次……然后慢慢取得进步。获得新的想法也是如此。我从没听任何一个创新者说过他们想到的每一个点子都很好。创新者都需要不停尝试，最终找到能用的那一个。

正如教育家肯·罗宾逊（Ken Robinson）所言："如果你没有准备好失败，那你将永远得不到原创的东西。"创新者不惧失败，他们拥抱失败。"失败是成功之母，而非拦路之虎，"作家丹尼斯·威特利（Denis Waitley）这样说，"失败是迟到的成功，而非一蹶不振。它只不过是偶尔兜了个圈，而不是在死胡同里转圈。想要避免失败，只有一言不发，一事不做，当然也就一事无成。"

其他人也说过同样的话。

"害怕失败的人终将一事无成。"——罗伯特·肯尼迪（Robert F. Kennedy）

"我并没有失败，我只是找到了10000种不对的方法而已。"——托马斯·爱迪生（Thomas Edison）

承认失败是必经之路。给自己卸下必须想到绝佳的点子才可以的压力，相反只要有想法就可以，任何一种想法都是好的开始。珍视你想出的所有点子。思考是我们与其他物种最大的区别。它让我们走出洞穴，建立了现在这个精彩绝伦的世界。请重视你想出的每一个想法。

创新者会对他们想出的每一个想法估值。如果其中有的不那么好，这无所谓。他们在其中吸取教训，然后继续去思考。只有极少一部分想法可以变成现实，用在工作之中，但想要把它们找出来，就无法不经历这些步骤。

创意就像气球

将半成品想法戳破很容易，你自己或是任何一个人都能做到。在发明轮子、汽车、独轮车、牙刷甚至甜甜圈的人第一次想到这个点子的时候，不难发现这其中错误百出。

克制住你在还没有给想法发展机会的时候就过早地想要抨击它的冲动。当然我们需要去理性地评价这些想法，但不是现在，现在就请让这个想法自由发展。一经想出就完美无瑕的想法极少。很多时候我们对于自己（或他人）的想法都过于苛刻，一听到就急于抨击它不完美的地方。一直以来，我们都被教育要善于发现问题，以至于我们碰到新创意就本能地想要戳穿它。发现新想法的破绽并不难，例如，车轮：

- “它肯定会倒。”
- “做成完美的圆形太难了。”
- “就算你能让它自己转动，那又怎么样运东西呢？”
- “如果用石头做太沉，用木头做又太不结实。”
- “我觉得没有市场需求，人们都习惯自己搬东西了。”

当你有想法的时候，试着不要那么快就下判断，问自己一个简单的问题：

“我可以做得更好吗？”

像气球一样去对待灵感。将它们吹得尽可能大之后再去评价。如果去给一个没见过气球的人看一个空的气球，别人会觉得这只是一团塑料。一旦你把气球吹起来，它就变得漂亮了很多。

请满腔热血地对待你想到的想法。不要去犹豫这个想法是否够好，就请心无旁骛地去发展它。不用腾出时间去评价或考虑它是好是坏。唯一的目的就是尽可能发展这个点子，从各个方面去尝试，看一看你能发展成什么样。可以晚一点再进行评价。

我高中的时候，有一名英语老师每次一进教室就朝我们喊："快写！快写！快写！"我们都很纳闷到底他想让我们写什么，但他会打断我们的问题："写就对了，五分钟时间，不要停，写什么都行，赶紧写。"

这是一个很好的经验，它教会我们不要那么早下定论，在开始写之前就被自己心里的不满意吓退，一直在为不完美而懊恼。一旦字写在了纸上再回过头修改，看看怎样能写得更好。

关掉手机

你有过这样的经验吗？你灵感闪现时手机响了。你接完电话再回过头来想把你的灵感写下来的时候，灵感已经消失了，而且它永远都不会再回来了。

灵感随时都有可能敲门，电话也是如此。当你有灵感的时候什么都不要管，赶快写下来。如果手机响了，不管它。就算是你爱人找你，也不要接。如果你走在海边看到有人溺水了，你刚好有灵感，也不……不不不，等一下！这件事比灵感更重要，但类似的事情并不多。

重视每一个想法。一旦有了新的灵感立马拿笔记下来，不断地思考并发展它。

善言入耳，恶言不入耳

当你开始和其他人分享你的想法时，你就会获得很多评价和反馈。有时候你需要去听，有时你不需要去听。难的是如何去分辨这些。

原因在此。当一个新的事物出现时，没有人知道这将会带来什么。很多人觉得自己明白这是什么，并且会对此发表很多听起来很内行的意见，但没有人真的懂这到底是什么。

虚心接受一切意见，听从那些让你谨慎行事的人。忽略善意的提醒是种有勇无谋的办法。请记住，确实曾经有很多人觉得自己有很好的想法或者经验，并很自信地写下来，但事实证明他是错的！

“钻井取油？你是说往地下钻井来寻找石油？你疯了吧！”

埃德温·德雷克（Edwin L. Drake）为自己的钻井项目募款时反对者如是说，1859 年。

“这个所谓的‘电话’有太多的问题，不能被用作严肃的通信手段。这个设备没有任何的价值。”

西部联合电报公司会议记录，1876 年。

“比空气重的飞行器是不可能的！”

开尔文伯爵（Lord Kelvin），皇家学会会长，1895 年。

“所有能被发明的事物都已经被发明出来了。”

查尔斯·H. 迪尔（Charles H. Duell），美国专利与商标局专员，1899 年。

“什么人会想听演员讲话？！”

华纳（H. M. Warner），华纳兄弟电影公司创始人，1927 年。

“飞机是一个很有意思的玩具，但对军事而言一文不值。”

费迪南德·福煦元帅（Marshal Ferdinand Foch），法国高等军事学院教授，1911年。

在将理想变成现实的过程中需要留心碰到的挫折，注意需要克服的问题，理性地面对所冒的风险，以及做好面对失败的准备。

想要成为一名创新者就必须下定决心，坚持不懈。当然有时候坚持不懈和执迷不悟只是一线之隔，重要的是不要让你的思想过于狭隘，并在评估你的想法的过程中保持清醒的头脑。有时候创新者很难放弃他们的想法，就算是所有人都认定这是不可能的事情。偶尔他们也会忽略那些反对者，混淆大众视线来让他们的想法实现。但大部分情况是竹篮打水一场空。

困难是一定存在的，我们要努力工作去克服困难，但必须保持客观。如果你觉得你过于依赖你的想法而丧失了理性，请求助于你所信任的人，让他们帮你看看这个想法是否已经没戏了。谨记，就算这个想法不成功，你还会有下一个的。

重视你的想法

备忘录 08

- 当你有灵感的时候，质疑自己很正常。
- 失败是创新的一部分。
- 每个伟大的想法都始于愚蠢的想法。
- 给想法空间去发展，然后再去批判它。
- 当灵感敲门时，放下手里的一切去迎接它。
- 总会有人去质疑你的想法，虚心接受意见，但做自己的决定。

第三章 实践你的想法

创新者优于其他人的另一点就是他们敢于应用自己的想法，他们会为此付出实际行动。就算是世间最聪明的想法，如果只是口耳相传，也毫无用处。创新需要我们付出实践。

诚然，将想法从脑中用于实际生活是很难的。需要解决面临的问题，克服遇到的困难，说服你的上司，打败绊脚的官僚主义，也许还需要融入足够的资金。这一切都既耗财又耗力，难道你还嫌自己不够忙吗？况且也许费了千辛万苦，最终发现你的想法并不奏效。又或许发现这个太费钱？又或许你需要面对太多的竞争并做出太多的妥协，到头来发现你努力的这一切却无法带来相应的回报？

这些都是很不幸，又确实可能存在的担忧。

每一位创新者或多或少都遇见过这些问题。

如果他们没有克服这种压力，那这个世界上或许就没有烤面包机、花艺或轮胎了。证明想法的好坏只有一个办法，那就是在现实世界里检验。

开始下一步

一旦你有了灵感并完善了它，那就是时候开始使用它了。这里有几个可以让你的想法更实用一些的办法。不要把将想法变现的那 86 个步骤都装在脑子里。只着眼于下一步。找出发展你这个想法，下一步需要做什么，这意味着以下各项。

- 写下来
- 画下来
- 做一幅流程图，看看它是怎样运作的
- 和一个更具专业知识和技能的人合作，来获得更多的信息
- 将它推销给人
- 设计它
- 着手去制作它
- 设计一个实验
- 执行你的想法

或者也可能是其他的事。

不论下一步是什么，去做就对了。不要总想着所有需要做的事情，着眼于下一步就好。老子曾经说过“千里之行，始于足下”。每个人都可以踏出那一步，然后接着走下去。

一旦你确定了下一步是什么，就给自己规定一个期限，然后按时完成。

完成后再接着进行下一步。

找到每一个想法的终点

同样，不要有压力。在开发构思的时候不可以强求将每一个想法都纳入实际工作中来。这的确很好，但不现实。这时目标就在于确定每个想法结束的时机。这就是说，让每个想法都最大可能地发挥自己的作用。在你这么做的过程中，如果发现有哪一个不如你想象的那么好，就勇敢地放弃它。我们知道只有一小部分想法可以一直走下去变成现实，所以我们的目标就是看看每一个想法在尽可能快、尽可能省钱的基础上都能各自走多远。

要接受大部分想法会由于那一两个原因最终不会被采纳。不要沮丧，这很正常。如果你十个想法中有一个，或者十二个想法中有一个可以被采纳，并且对你的工作产生了积极正面的影响，那你所花的时间就都是值得的。

我们可能会想，那如何在这十个想法中找出这一个来呢？捷径就是把这十个都试一遍。我们需要推进每一个想法，直到很明确地知道这个想法不能带来效益为止。在你确定该想法没有用之前，不要忽视任何一个想法。不要凭直觉做选择，有时候第六感很灵，但有时却不行。

棘手的问题就是如何在不花费太多金钱和时间的情况下推进每一个想法，这需要慢慢推进。如果你觉得大多数想法都不会成功，那就在花费太多时间和资金之前更快更好地验证它。

如果你有十个想法，不要因为你觉得这个有用就选择这个。把每个想法都用最省钱的方式试一遍。对于每一个想法，都看看下一步是什么，然后去做。

用你所有的资源巧妙地进行小范围的实验。如果你没有足够的资源来推进想法，那就评估以下三点：

- 该想法的潜在收益
- 成为工作中可行部分的可能性
- 推进想法需要的成本

然后挑选出最有可能带来收益的想法，并且推行它。

将所有的想法都推进一步，然后分析结果。也许更进一步，你就会很清晰地发现这个想法不实用，或者是推行成本太高，抑或是达不到期望的收益，又或是要想更进一步发展，需要解决一些问题。

如果这些发生了,你可以选择放弃这个想法或者将其先搁在一边。然后将剩下的想法推进到下一步。同样，分析结果，看看是否还有值得进行到下一步的想法。这样我们就能慢慢发现最实用的那一个想法。举个例子，假如你有一个可以提高流程中某一步效率的办法。你在推进的过程中发现虽然这个办法会比老方法省钱，但推行的费用却远高于它能省出来的钱。如果你在这个问题上纠结很久也得不到答案，那就应该将其先放一边，去看看下一个想法。

不要因为你喜欢某个想法,就算是它明显有问题还为其大费周章。退一步先想想怎样解决问题。尽可能不要太依赖于自己的想法，或者让感性左右你的判断力。也许你非常喜欢某一个想法并为此花费了大量的资源。或是在你一想到这个想法的时候就激动万分，恨不得全世界都知道，你那么渴望将它变成现实。但这都不是一个持续为已知不可行的想法耗费资源的好理由。

失败是创新过程中的一部分，每一个失败了的想法都会帮助你离成功的想法更进一步。在工作中耗时耗力地推进想法的唯一原因就是你认为这个想法会对你的工作有所助益。一旦你明确了某个想法不能被实施在你的工作中，那就勇敢地和它说拜拜。

如果你的想法没有成功，这并不意味着你很笨、一文不值或是没有创造力，只是代表着某一个想法并不实用。这个对事不对人。

尽可能小范围地进行实验。如果你需要在一个中型或者大型企业做实验，那就不要全方位推行，从挑选一个部门开始。尽可能简单、低成本地进行，不要害怕和失败的想法告别。每一次发现想法不成功时，都对自己说“棒极了，这下离好办法又近了一步”。

与他人合作

在推进想法的过程中，还要融入其他人的意见。每一个阶段都应该请其他人看看并给出他们的意见。问一问：

- 他们如何看待你的想法？
- 他们如何看待这个想法的潜在收益？
- 他们看到了哪些问题？
- 他们觉得应该如何解决这些问题？
- 他们对于改进该想法有何意见？

与他人讨论是推进想法时最价廉物美又有效的办法。万事开头难，从无到有肯定会历经挫折。一旦你有了想法，其他人从和你不一样的角度出发思考，就不难想出你没有想到的改善办法。或者他们会指出你忽略的问题，甚至会想出解决问题的方法。

当你推进想法时，不论何时进入瓶颈都可以和其他人讨论看看。就算他们没有帮你想出办法，分享的过程也会让你自己闪现新的灵感。

有时你需要坚持

很多时候好的想法需要坚持才能看到成效。通用润滑油 WD-40 通常被用于防止工具生锈和铰链不顺，这是一个非常成功的产品。据生产商的调查表明，80% 的美国家庭都拥有该产品，其用途颇丰，销售额更是高达数亿美元。

取名为 WD-40 的原因在于成功前实验了 40 次。

你可以想象到在 WD-26 失败以后他们有多么沮丧，在得知 WD-27 也失败后，如果他们就此放弃也不会有人来批评他们。但他们知道自己想得到的究竟是什么，而且需要坚持下去，就算失败也不能放弃，直到最终获得成功。

备忘录 09

推进你的想法

- 开始推进想法后，不要太过于心急。就只着眼于下一步需要做的事情，然后去做。再接着重复这个步骤。
- 要明白大部分想法最终都不能应用于实际工作中。重点在于看清每一个想法的终点在哪里。
- 小范围测试新想法。
- 最快、最便宜地验证想法是否可行。
- 持续和别人交流想法，得到他们的建议和观点。
- 有时你需要坚持。

第四章　如何推销你的想法

如果你有一个想法并想发展它，那么或早或晚你需要向某人推销它。事实上，在发展和变成现实的路途中你需要推销很多次。在公司里你可能需要将其介绍给你的上司，或是其他有权定夺的人。在公司外，你需要将其介绍给潜在的合伙人、投资者、客户或顾客。

为什么说推销很重要

很多有想法的人都忽视了推销的重要性。他们觉得“好的想法自然会脱颖而出”。是也不是。当然想法的质量固然重要，但好的推销方法也不可或缺。

在你请某人接受一个创新的想法时，你在要求他们改变，改变会让人感到不安。如果你可以很清楚明了又信心满满地解释你的想法会怎样改善他们的现状，会使他们安心不少。但另一方面，如果你的介绍含糊不清又很冗长，那对于说服听众支持你的想法将会毫无益处。

你并不只是单单在推销你的想法，你是在推销你自己。因为你的听众会觉得如果他们接受了这个想法，那意味着他们需要和你共事。所以他们需要同时评价你和你的想法。

谁负责推销？

如果这个想法只涉及你自己，那你当然需要去推销。但如果涉及好几个人呢？那你如何决定派谁去负责推销？这时需要搞清楚“谁将会完成得最好”。 这并不意味着在发展想法中做的最多的那个人就一定是最适合的人选。尽可能跳出自我意识，只就谁会最清楚明了并能自信满满地介绍来挑选人员。

同时也应考虑考虑每个人都有什么样的经历。例如，如果某个人和管理层存在过节，或是和被推销的这个人不和，那最好就不要派他去。你肯定不希望你的想法因为鲍勃不能持平常心来听他说话而遭遇滑铁卢吧？

你想要达到什么目的？

在你开始想如何推销之前，第一步要做的是弄明白自己究竟想要干什么。思考一下你需要向谁推销。是上司？还是潜在的投资者、客户或是合伙人？

想想看他们想要的是什么？站在他们的角度想一想，是什么会让他们接受你的想法，又是什么可能让他们感到害怕而退缩？

在推销想法时，人们总是太过于重视这个想法是多么的精妙，而忽略了它能怎样改善人们的生活。重点在于你的想法能为你的听众做什么。如果说你需要说服你的上司，那就应该着重于解释该想法能怎样改善公司的运营。如果你需要说服投资者，应该着重说明为什么这个项目值得投资。如果需要说明的对象是潜在客户或是顾客，那就需要着重宣传这将对他们的生活带来怎样的便捷。

下一步就是你想要让你的听众通过你的推销产生什么样的想法？有怎样的感受？希望他们做什么？

- 你想要你的听众怎么**想**？如果你是在说服管理层，那你需要让他们觉得这个方案会带来改进并值得推进。如果是在说服投资者，那你需要让他们觉得这个方案会成功，并且你是一位很成功的商人。如果是说服顾客，那需要让他们觉得你的产品或是服务值得购买。
- 你想要他们**感**到什么？你需要让他们感到有意思、很好奇、很兴奋，而且担心过了这个村没有这个店，而且你这个人很值得信赖。
- 你又希望他们怎么**做**？你希望他们勇敢迈出下一步。如是针对的是上司，那下一步就是承诺推进你的想法。如果针对的是投资者或是客户，那就意味着他们会很认真思考介入你的项目。

在你得到了这些问题的答案以后，你就可以开始着手准备策划你的推销方案了。在这个过程中也需要不断地反思，确保你所策划的一切都旨在让你的受众朝着你所希望的方向去思考，去感受，并有所行动。

推销过程需要多长呢？如果你不确定，那宁短勿长。

在必要时候你需要在 30 秒内就完成你的推销，明确地说明这将如何改善听众的生活。例如就可以这样来推销冰箱：

它就像是你厨房里的一个橱柜，你可以将食物放进去，但它可以使食物保持较低的温度从而不会坏掉。

注意推销时不用去介绍冰箱制冷的原理，而应将重点放在冰箱将如何改善人们的生活。

基本上在准备推销稿时只需要明确两点：说什么和怎么说。两点都不可或缺。故事好但没讲好也不会让人印象深刻。有趣的故事配上神采飞扬的讲解会事半功倍。一个成功的推销，需要有很好的内容（说什么）和趣味横生的讲解（怎么说）。

说什么

把你推销的过程想成一个故事。故事的开头是你发现了一个问题或是一个机会。然后你开始讲你的想法会如何解决这个问题或是从机会中获益。最后，你邀请你的听众加入。

首先，明确地指出这个问题或是机会。解释它有多重要，潜在收益又有多大，并且忽视它又会付出什么样的代价。

然后，用精练的语言介绍你的想法。考虑你的听众对技术了解程度，不要过多使用专业术语，除非你很确定你所有的听众都能听懂。

重要的是你需要确定你的每一个听众都能听明白你所讲的每一个字。如果某人没有跟上你，他不会打断你来要求你解释。人们往往不愿意承认自己没有听懂，因为那样会显得自己有点笨。相反他们会坐在那里一言不发，但你已经失去了他们的兴趣。所以在推销过程中解释得越清楚越好。在你实际推销之前，最好找一个门外汉测试一下，看看他是否全部都能听懂。如果他没有听懂，那你就需要把演讲稿改得更简单一点。

在演讲的过程中，每遇到一个较为复杂的专业问题时，都和你的听众沟通一下，看看他们是否都跟上了你的思路："我有讲明白这个问题吗？"

这样，如果有任何的不明白，你都可以赶快解释清楚。

强调你的想法能做什么而不是怎么去做，尤其是如果"怎样做"这部分涉及一些很复杂的专业知识。人们会更加感兴趣"供应链的这种改变一年可省 5 万美元"，而不是你将如何改进存货交付的详细计划。当然你需要解释你的创新是如何运作的，但不要将自己陷在细节里出不来。

重点在于你的听众想要的是什么。注意，这里不要一味炫耀你个人有多么聪明，而是需要让他们对这个能让自己获益的机会感到激动不已。几个关键性的数据可能会对你的演讲有助益，但不要让图表喧宾夺主。

介绍一下你的想法里最精妙的那个点，值得让听众不由自主地惊叹。例如，我最近买了一台新的电脑，让我不由自主赞叹的点就在于它的触摸屏就像平板电脑一样。（当然，在你们读到这里的时候这个点可能都已经过时了。）找出你想法里最值得赞叹的那个点，并让观众自己感受一下这是多么令人兴奋（前提是不要太过于专业）。

你还需要向你的听众解释为什么他们要接受你的推销。一般这就包括向他们解释你的想法会如何帮助他们省钱或是赚钱。

最后，强调他们所面对的机会。清楚地表达你希望他们如何做，这么做对他们而言意义何在。

记住，一个成功的推销不外乎三个方面。

1. 说明现有的问题或是机会。

2. 解释你的创意将会如何解决这个问题或是从这个机会中获益。

3. 告诉他们迈出下一步的意义何在。

你的用词要尽量精确：用口语而不是书面语。我们写出来的东西和说出来的语言是不一样的。用词、造句、韵律都大有不同。写出来很美的句子大声说出来却显得很生硬，不自然。所以请确保你在推销时所说的词、句出口时都显得很自然。如果需要，请重新写你的推销稿。

你的话听起来要自然顺畅，千万不要太过于正式呆板。你的推销稿越浅显易懂越好。你的目的就是很简单地告诉对方为什么你的点子值得他们尝试。就像平时说话一样，不要看起来像是在做什么高级会议的发言。不要让太过于正式的语言掩盖了你自己的光环。

怎么表达

很多人觉得一旦搞定了推销稿就大功告成，事实果真如此吗？真的只需要进门以后照本宣科吗？不是这样的！表达的方式和你演讲的内容一样重要。非常清晰、简明扼要又引人入胜的表达比含糊不清、紧张得话都说不清楚的表达胜算要大得多。

一个成功的公众演讲者不是天生的，是后天习得的。如果你努力练习，你会进步很多。这不是天赋，而是可以学来的技巧。说自己“我就只是不善于在人前讲话”是站不住脚的。这就像学习怎样拉小提琴一样。每一位初学者拉得都很难听，但多多练习就越来越好。这里有一些小技巧。

好的推销确实很难

如果你写完了你的推销稿那不代表你已经做好了准备。台上一分钟，台下十年功。十分钟的推销也是如此，你需要花费好几个小时去准备。在你全都写好的时候，这只是完成了初稿。改善的方式就是一遍一遍地修改。不是只让你看着它，而是大声读出来。在这个过程中你会：

- 学会它，并熟悉它
- 找到改进的方式

你每读一遍都能够将其打磨得更加简练，突出重点。在你演讲之前请不断地修改。不要只是简单练习发音和语气，而是让自己和演讲融合在一起，自信才能让别人相信。

在真正去演讲之前，求助于他人，给他们试着讲一遍，问问他们的反应：

- 他们是否发现了什么不清楚的地方？
- 他们是否听着听着走神了？
- 他们会被打动吗？愿意付诸下一步行动吗？
- 如果不会，为什么？

你的推销在进门那一刻就开始了。你的观众一看到你就会对你产生印象。所以请自信满满、充满激情地走进去。

这里有两件事可以帮助你建立自信：

- 准备。确定自己从头到尾、从里到外把推销稿和自己的想法都了解透了。
- 相信。如果连你自己都不相信你的推销稿，那最好还是不要去推销了。

紧张情绪

如果你感到很紧张怎么办？完全不用担心这点。你不用感到特别自信，也能成功完成推销，你只需要看起来很自信就好。

对于公共演讲感到紧张是很正常的。利用这些紧张情绪带来的激情可以让你的推销演讲更加有力。但如果你没能控制这些情绪，反而被这些情绪控制，就会出汗、犯错并迷失方向，这样一来会使得你的推销讲演变得没有成效并误导观众。

重点在于我们并不用完全控制住紧张的情绪。感到紧张会让你不舒服，但这是很正常的。我们要做的只是试着不让自己紧张得话都说不对以至于没法有效地推销。

这就是处理紧张情绪的办法。

前一天的不安

如果在正式演讲的前一天你觉得很紧张，要么就接着准备看看还能不能给你的讲演润色，要么就干脆干点别的分散自己的注意力。不要干坐在那毫无意义地盯着看，这丝毫没有好处。

紧张可能是你没有准备好的信号。如果是这样，那就再多准备准备。你准备得越充分，你就会觉得越自信，也就会越不紧张。

如果你觉得很不安，但没有时间或不想再去准备你的演讲了，那就索性干点别的事情分散注意力。锻炼一般很有用。或者也可以干点别的，看看电视或是其他事情。最糟的事情就是坐在那担心，这只能增添你的压力，耗费你的精力，让你感觉不安。

当天的不安

这有一些方法来控制当天的不安：

1. 注意你的生理反应。 你感到紧张时身体会有什么反应？坐立不宁还是来回踱步？语速变快？口干舌燥？需要不停地喝水？声音颤抖？了解你言谈举止的变化。

*2. 控制住你的生理反应。*对自己说不紧张是不可能的，但控制住这些生理反应确实是可行的。当你发现自己举止异常后，控制自己不要再这样做。例如，如果你意识到自己因为紧张而来回踱步，那就赶紧找地方坐下，这并不难吧。放轻松做做深呼吸。当你觉得自己快要口吃或是声音发颤了，找个人聊聊天。如果周围没有其他人，就和自己说说话。为你的声带热热身。说话说的清楚一些，冷静一些。一个接一个地控制住自己紧张的下意识动作。控制住紧张的生理反应一般会让我们感到冷静很多。就算这并没有奏效，至少会使你看起来冷静了很多，这至关重要。这样做的目的并不是让你紧张的情绪完全消失，而是让你看起来不那么紧张。

*3. 让自己享受过程。*很多的紧张都源于对结果的担忧。推销会大获成功，还是会成为一场灾难？让自己从消极情绪中抽离的方法就是融入当下。不要在脑海中一遍又一遍地回顾你的演讲稿了，就仅仅注意当下。看看四周环境，想想大家都在干嘛。

*4. 变害怕为激情。*在你开始演讲之前，想一想你现在面临的是一个怎样的机会。仔细想想。你有一个想法，而现在也许对方就会帮助你实现它了。这多么的振奋人心！

口头禅

我们很多人都有口头禅，尤其是紧张的时候。太多时候我们都在说“嗯”“你明白吗”，或是用其他一些话来填补我们思考下一步时的空白。但使用太多口头禅会使你的听众分心。他们不会注意你在说什么，而是关注你一共说了多少次“你明白吗”。

看看你常使用什么口头禅，并有意识不要再说。例如，如果你可能很喜欢说“你是知道的”，那就练习讲话时不说这个。演讲速度慢一点可能会有帮助。这会让你的思维走在话语前面，而不是口不对心（当然也不能太慢）。

如果是重点，就需要强调

如果你认为自己所表述的是一个相当不错的主意，那就不要用平平淡淡的语气来讲述。我曾听过有的人在表达一个非常棒的想法时候，说得让人听起来像是在念电话簿。如果你自己说的时候都一点不激动，你又如何期待你的听众会被这个想法打动呢?

交流不只是关于你所用的词。听众也会从你说话的方式中获取信息。如果你单调地说“这很重要”，别人很难相信，所以需要强调，这很重要!

你说的话和你说话的方式应该相辅相成。在日常生活中我们的语气会和我们所说的话保持一致。假如你想表达“我今天早上过马路时差点被车撞了”。你不可能很冷静地说，你会激动地说，因为这是件大事。

如果你觉得你的创新很重要，请给你的话语以力量，让它听起来很重要。准备演讲的过程中你就需要决定什么时候说得轻松一些，像闲聊一样，什么时候需要慢下来，用比较有力的语气强调你想要听众注意的地方。说什么和怎么说都需要排练。

演示文稿

“我的演讲有十页幻灯片那么长。”

不，不是的。你的演讲是十分钟那么长，在这十分钟内你用了十页幻灯片来帮助自己阐明观点。演示文稿是辅助你表达信息的方式，但那并不是你想要表达的内容。

人们总喜欢躲在幻灯片后边，但这是没用的，你无处可藏。只要你在表达新的想法，你就会面临各种各样的评价，你只能学着适应。

使用幻灯片会比单纯地说要更具体，例如，可以插入表格、数据、图片还有重点。

不要在幻灯片上写满字，这只会使你的听众分心。他们会边听你讲，边读幻灯片上的字，这样也许就不能完全消化你的内容了。

这里有一个测试，可以看看你是否太过于依赖幻灯片。想象一下你正要开始演讲时，发现投影仪坏了，这对你而言只是有点不便，还是一场灾难？你可以在没有投影仪的情况下继续你的演讲并依旧很出色地完成它。但如果你觉得没有了投影仪，你就全然没办法去开始演讲了，那你就太过依赖它了。

让你的声音充满房间

自信地开始你的演讲，不论是真的自信还是装出来的自信。整装待发，专心致志。为了让你的语言听起来更有力，声音大比声音小要好。想象你的听众中有一个半聋的人，而他就坐在房间的右后方。

不要着急，但要保持速度。最坏的就是你的听众在你说完之前就知道了你将要怎样结束。

利用沉默。如果你希望听众可以记住你说的重点，那就暂停几秒钟，让你的话在听众脑海中沉淀一下。沉默是最好的强调方式。

不要读演讲稿，而是讲出来。和你的听众保持目光接触，对着他们讲话。谨记这是你一个绝佳的机会，全力以赴，清清楚楚地大声告诉他们这会给他们带来什么，让他们想要加入你。

结束后反思一下哪些做得好，哪些还不够好。你觉得哪一部分使听众产生了共鸣？又在哪一刻让他们失掉了兴趣？在你问的问题中，有哪个让你觉得自己讲的还不够清楚，下一次应该再补充一些信息？把每一个演讲都当作一次学习，通过它来让下一次更好。

备忘录 10

推销你的想法

- 推销你的想法是很重要的一部分，需要重视。
- 用词准确、浅显，让每个人都能听懂。
- 不要太过于专业。着重于你的想法可以做什么，而不是它的原理。
- 讲一个故事：

——说明现有的问题或是机会。

——解释你的想法如何解决这个问题或是从该机会中获益。

——说服你的观众勇敢迈出下一步。

- 一旦写好了演讲稿——那只是初稿——要想改进只能练习，练习，再练习。
- 感到紧张很正常。发现你紧张时的生理反应，然后一个接一个地克服它们。
- 强调你认为重要的内容。
- 用日常用语，但也不要太过于随便。
- 让你的声音填满整个房间。
- 幻灯片不是你演讲的内容，只是辅助。不要把一页幻灯片打满字。

第五章 在你自己的生活中创新

创新并不仅仅意味着想出改善工作的方法。你可以把这个创新思维的方法用于你生活的所有方面。这就是说对所有的问题心存疑虑，不断地问自己是否还有改善的办法，花点时间思考如何改进然后将最好的想法付诸实践。

很多人在工作和学习中都非常有创新意识,但在生活中却很缺乏。

你如何在生活中创新？还是一样，思考想法，重视想法，然后实践想法。让我来举例说明。

我曾在堪培拉的一个私立学校上学，然后去了悉尼大学学习经济和法律，选专业的原因主要是我并不知道自己还能做什么。在大四的时候，每个人都挤破头地想进大型律师事务所，所以我也就开始设法也找一个这样的工作。但从一开始我就知道这并不适合我。后来我意识到虽然我学历很高并有很多其他的机会，但因为我随波逐流，并没有仔细去想为什么要这么选择，我最终肯定会走上一条错误的道路。我不知不觉地陷入了一个怪圈，工作外表看起来光鲜，却做得很不开心。

迄今为止我第一次（甚至我当时没有意识到）进行了一遍思考、评估、行动这个流程。

思考

我在想，如果我想做什么都可以，那我最想做的事情究竟是什么。我发现答案是表演单人脱口秀。一开始我很抗拒这个想法，表演很令我害怕。如果我失败了怎么办？如果我表演的时候有人起哄怎么办？如果别人嘲笑我怎么办？等一下，他们应该被我逗笑，但不是嘲笑，而是发自内心的开心。又或者他们完全不觉得可笑该怎么办？

但是当我无法摆脱这个想法的时候，我知道这很重要。这意味着我需要重视它。

估值

虽然我知道成为喜剧人是非常具有挑战性的，而且我没有任何成功的自信，但我依旧需要给这个想法一个机会，看看它能发展成什么样。我不想在自己五十多岁梦醒时分，还在纠结当初如果试一试现在会是怎样的光景。我并不想知道表演单人脱口秀究竟是一个好点子还是坏点子，我只想知道如果尝试，会带来什么。这就意味着将我的想法应该变成现实。

实用

我试着不要去做超过自己能力的事情。从事喜剧行业甚至都没有进入过我考虑的范围内。我只是单纯地找出下一步需要做的事情，然后尽力去做。很显然下一步就是琢磨一些短的喜剧段子。大约过了一个礼拜，我写出了一点东西。所以再下一步就是打通位于悉尼格利伯的哈罗德公园酒店的电话，并为我自己预订了一个喜剧《开放麦克风之夜》（*Open Mike Nigth*）的空位。

打这个电话是整个过程中最难的一部分，甚至比登台还难。我之所以觉得难是因为这是我第一次为自己的人生负责，这很令人害怕。最终我终于鼓起勇气，打了这个电话。

在那之后我的事业具备了天时地利人和。我的第一场演出还算成功，我坚持了下来。在那之后，我每周末都会写笑话并每周免费表演一两场，最后终于有人愿意付我钱了。几年后，开始有电视或电台邀约我做节目。

这全部都因为我对改变自己人生进行了思考，评估我所有的想法并实现它。

你呢？

你生活中是否有可以改善的方面呢，在工作、私人生活、生活工作的平衡、健康状况或是其他什么地方？

把可能的地方全想出来

也许在生活中有的地方可以做得少一点，想得多一点。这些可以改进的地方在哪里？又有哪些地方需要保持？花点时间想想这个问题。对你做的每一件事都存疑，不停地想一想是否还有更好的做事方法。

你也许需要花一点时间来想想以下问题，并记下你的答案。

- 你的工作开心吗？如果不，为什么？
- 你生活工作平衡得怎么样？如果不平衡，怎样去改善？
- 你最享受的事情是什么？如果有办法让你有更多时间去做这件事，你愿意花多久在这上面？
- 你最不喜欢的事情是什么？有没有办法可以减少做这件事的时间？你可以节约多少时间？
- 你对成功的定义是什么？如今成功学大行其道，但你心中的“成功”又是什么？你如何衡量它？是社会地位？工资？公司中的职位？还是你乐在其中的时间？或是你可以成为一个更好的人？
- 一旦你有了自己关于成功的理解，你将会做哪些改变，来让自己更加成功？
- 想一想你一直以来想做却没能做的事情，你现在会尝试其中的一二吗？
- 如果你想要改变自己生活中的一些事情，会是什么事？
- 有什么方法可以将你生活的轨迹向着理想推进一些吗？
- 你如你所希望的一样健康吗？如果不是，你愿意多做一些运动吗？是什么运动？什么时候做？
- 你愿意改变自己的饮食习惯吗？怎么改变？

也许你对于自己的生活方式有一些误解。例如，有的人觉得自己除了现在这个不喜欢的工作以外没有其他选择。如果这听起来像你所想，你就那么确定自己没有其他可能吗？也许还有其他路可走。追求的道路可能荆棘遍布，但说自己的选择非常艰难不意味着完全没有其他路可走。

如果你觉得自己生活中有些地方需要去改变，那就不要再白日做梦了，着手行动起来。不要再犹豫，找出突破口，将现状向理想推进。

思考生活的创新比思考工作的创新还要难。这是我们总在拖延的事，但如果我们要是老是这么拖着不干，最终会太晚。

花点时间好好想想这些。将时间花在这里是很值得的。不得不承认，改变总是困难重重，但最终你会发现这一切都是值得的。

为你的想法赋予价值

一旦你决定了想要改变生活的哪些方面，实现这些将会花费大量的时间和承担很多的责任。你一定会发现有的改变实现起来是非常难的。如果真的碰到了这样的问题，想想你改变的初衷是什么。为你的想法赋予一些价值！

你可能会想要：

- 发展你的想法。通过头脑风暴，看看你能得到什么。按照第一章末的“思考很难”来进行。
- 和信任的人分享，看看他们能帮你出什么主意。
- 列出实现想法需要哪些实际行动。

使用你的想法

确定你真的会去使用自己的想法。同样，不要被烦琐的后续工作吓到。就单单想想下一步是什么，然后努力去做。如果你的梦想是成为钢琴家，那下一步就是买或者租一台钢琴然后去上课。

人们总是给自己定一个太过于宏大而不切实际的目标，最终丧失信心和动力。例如，成为一位能开钢琴演奏会的专业钢琴家的目标太过好高骛远。就算这是你的毕生追求，第一步的目标也需要实际一些。例如，在周末之前能弹“一闪一闪亮晶晶”。这个目标就是可行的了，唾手可得，而且可控。

我从未将目标放在成为一位专业的喜剧演员上。我的目标一直都是成为一位更好的喜剧演员。这是我可控的目标，而且做到这点，就可以让我最大可能地走上专业之路。

简单地找出下一步是什么，然后去做。不要去纠结到底需要多少步，着眼于眼前，一步一步走就好。

备忘录 11

自己生活中的创新

- 你生活中有没有什么方面可以从创新中获益?
- 想一想你要怎么改变自己的生活。
- 重视你的想法。
- 使用你的想法。找出实现每个想法下一步需要做什么，然后照做。接着重复这个步骤。

CHAPTER 02

第二部分 建立一个充满创新意识的组织

在第一部分，我们着重于个人如何更具创新意识。现在我们来讨论群体。

- 一家公司怎样创建一种创新的工作文化，从而让每一个人都明白思考改善自己做事的方法是工作的一部分?
- 领导如何获得每一个人的新想法?
- 如何建立一种高效的机制来获得所有的想法，并筛选出最好的来实验，最终投入使用?

第六章 成功和增长如何阻碍创新

正如我之前说的，创新并不是只有绝顶聪明和创新能力特别强的精英才能做到的事情，而是我们每个人都能学会的事情。当认同这个观点之后，就不难得出，如果一个组织中无法鼓励每一个人都试图去创新，就会带来极大的浪费，就像一个工厂只有一半机器开工一样。

每一个机构都应该不停地尝试寻找创新的方法，如果不这样，那就会有被淘汰的风险。通常煤矿业中不论是工厂的工人还是后方的客服人员，都有很好的改善现状的想法。一些组织非常善于收集所有人的意见并执行最佳方案。但多数组织却做不到如此。

很多机构刚被创建的时候，它们通常会被定义为“创新型”。它们尝试做一些新的工作，抑或是机构的工作人员会尝试或是学习新鲜的事物。最初公司刚起步，规模较小时，总会碰见新的挑战、新的机遇、新的问题。要面对这些挑战和机遇，创新是必不可少的。

不久以后，如果这家公司运营得足够好或是他们足够幸运，他们会成长为较大的公司，这时的公司就变得成熟了很多，很多的系统和流程都已经被建立完善。遇见的问题就会和之前遇到过的问题相同或是类似。与其从头创新思维想出解决方案，人们会更倾向于用现有的流程来解决。

这没什么不对的。事实上这很聪明并更高效。但这意味着创新思维变得越发不重要了。随着公司越来越系统化，对于每一个个体持续解决问题能力的要求愈发降低。人们慢慢丢失了使用创新思维的习惯。

随着一个公司的日益壮大，它需要去管理更多的人，挣更多的钱，面对更多的顾客，将远不仅仅是能够正常运转那么简单。对于决策者而言，实践就是最好的练习。基层员工并不需要每天去想他们需要做什么，相反他们只需要每天按照要求执行既定的任务。值得强调的是，在这个阶段实验新鲜的方法变得更加冒险，因为如果失败了，损失会比起步时期要大得多。 如果公司步入正轨，那现状应该还不错。一段时间以后企业家精神会逐渐减弱并被系统、流程、官僚主义扼杀。

虽然对于个体而言，还有一些空间可以施展个人的判断力、创造性和专业素养，但企业发展不可避免地需要增加系统、流程的使用，减少对于个体创新能力的依赖。

当然，不乏一些公司不停地提及创新的重要性，他们会定期开办关于创新力的研讨会，公司高层会不时将创新的重要性挂在嘴边。尽管如此，在大中型企业中有不少源于基层的抱怨，既定的系统和流程留给个体创新的空间少之又少。即便他们有关于改变的新想法，也会惧于宣扬并执行新想法的麻烦步骤。他们大多数人不太相信自己的想法会被重视并应用。

这样一来，很多时候管理层和基层之间都会存在上行下效的问题。管理层的目的是鼓励每个人都需要创新，但事实并不如此。

如果公司的每一个员工都视思考更好的解决办法为己任；如果一个人有了新想法，有一个成熟、可靠、透明的机制可以公平对待每一个想法，并挑选出最好的来实验，然后应用于实践；如果每一个人都坚信他的想法会被管理层知道并公正评估，还会收到后续的反馈；如果管理层能够定期收到最了解这个企业的人——内部员工对于改革的新想法；如果这些都可以实现，岂不是很好?

管理层的角色

谁的工作职责是思考提高业务的方法？很多人，尤其是管理者都会认为这是管理层的工作。想法越多，越有可能发现一些绝佳实用的想法。有越多人想办法，就能有越多的办法。

想要尽可能多地找到好点子，就应该发动足够多的人来思考。这些人上至公司 CEO 下至公司前台， 每个人的工作都应该包括创新性思考。这当然包括管理层，但不局限于管理层。

如果想要建立重视创新的企业文化，第一步就是承认改善企业的想法可以源于从上到下任何一个人。如果你的公司是生产和销售按钮的，改良的想法自然很可能是源于市场部和销售部的员工。如果你经营的是一个煤矿，改善的方案自然会源于下井的煤矿工人。每个管理者的职责中都有允许、鼓励并授权其他人去想办法的部分，而且他们应该虚心接受这些想法然后客观地评价。

这需要管理人员调整心态并将自我意识从工作中剔除。当他发现手下的团队想出了一个特别精妙的点子时，他们很可能会感到威胁和不安。“我才是老板，”他可能会这么想，“我才应该是那个负责动脑子的人！”

管理者需要提醒自己，工作重心应放在想出最好的想法并付诸实践上，谁想出的并不重要。这一点需要时时刻刻谨记于心。

管理层需要保证团队的凝聚力，每个人不仅仅是要完成手头的工作来确保公司正常运转，还需要为公司明天的繁荣和发展贡献力量。

管理者需要让每个人都知道自己有思考、分享、发展创新想法的责任。这就是说他们调动人们思考的积极性。但调动本身并不重要，重要的是调动的方法——就是说要有一个容许鼓励创新思维的系统。

外包的创造力

我常常感到很惊讶，为什么有些公司有那么多创新型人才，却还要与把创意相关的工作外包出去？

当公司想要实现一种新的市场营销方案或是广告活动，或是寻求更妥善的方法来增加效率削减成本，公司都更情愿外包而不是内部选拔。这种情况下，公司会选择求助广告公司、经营顾问或是人力资源专家来告诉他们怎么做，而不是问问内部的员工该怎么做。

不可否认，经营顾问、广告公司、营销公司、人力资源专家经常会有一些很好的想法，但为什么不同时从内部员工——这个最了解公司的群体身上收集想法呢？

举个例子，在投入新的广告活动之前，管理者可以给员工群发一封邮件，内容如下：

我们需要着手为X产品量身打造推广活动，我们的预算有Y。我们将怎样说服那些并不需要X的人来买它。你们比任何人都了解我们公司，请告诉我你们有怎样的想法。

当然，你们也比任何人都了解我们的产品，你们觉得X产品的哪个特性是最突出、最吸引人的？什么样的宣传方式最能刺激消费者，进而带来销售额的增长？我们想要收集到尽可能多的想法，请务必在周五前回复这封邮件并附上你的建议。谢谢大家的合作！

如果你这么做了，最坏的结果不过是没有收到值得借鉴的反馈。就算是这样，你所花费的成本也不过是写这封邮件和浏览回复所耗费的时间。但同时你也有可能获得一些很精妙的点子，可以推广或是提供给广告公司。

另外，管理者还通过这封邮件告诉员工，他们愿意给员工权力，让他们为公司献计献策，并愿意听从任何一位员工的好建议。

那为什么这样的好事在公司却并不常见呢？

一个原因是因为当公司达到一定的规模之后，他们通常有非常完善和固定的流程需要遵循。推广活动的流程也许就是为广告公司提供简单的要求，然后在两天、两周或是两个月后收到广告公司的提案然后再来评估。如果公司中意某一个，就会采纳它。如果不喜欢，那广告公司就重新再来一次。

这个流程没什么不好，唯一的问题就是它建立在一个很不幸的假设上面，那就是公司的创新工作只能外包给别人，它内部没有人能干得了。

当然广告公司经验丰富，专业素养高。但这并不意味着公司内部没有一个人能胜任这个工作。例如一位成功研发出新型冰激凌的人难道就不能想出一个好点子来推广他研发出的冰激凌吗？他们也许不知道如何将灵感变成广告，这没关系。广告公司可以帮你做这些。

很多的机构都看似对于自己的创造力毫无自信，他们更愿意将一切需要创造力的工作都外包出去。一位我认识的从事广告业人士曾对我说："我超爱我的工作。公司经常把最有意思的工作都外包给了我们。感谢上帝，他们没有留下这些，而只外包那些无聊至极的工作。"

想象一下，一家公司正在寻找让他们的接待员更高效的方法，他们将会怎么做？他们也许会请管理顾问来看看接待员的工作内容，他们也许会为此设立一个委员会，又或者他们会设计一个流程图来表现接待员的工作应该何时、怎样完结。但是，每一个人是否都忘了有一个人是最了解接待员的工作，也许他都已经有了一些改善的想法，这个人就是接待员自己，而管理者会往往忘记问问接待员的意见。

我在之前讨论惯性思维的时候就说过，很多时候答案就在我们眼前，但因为我们太习惯于固化思维，往往会忽略了答案。

管理者很多时候都没有物尽其用，总会忽略一项重要的资源，那就是每一位员工的智慧。没有人会比员工更加了解公司本身或是客户。

所以说怎样打造这样时企业文化：

- 鼓励每个人创新
- 管理者会收集所有人的想法
- 有一个成熟高效的系统来评估、测试、实验和实践新想法

对于个体而言，我说过创新的步骤为（1）思考，（2）估值，（3）使用。

建立创新的企业文化，公司也同样需要遵循三个原则：

1. 思考——明确思考提高业务的方法也是每位员工的工作内容

之一。

2. 估值——重视每个人的想法。

3. 使用——开发每个想法的潜力，并建立一个便宜实用的流程来寻找能够完善业务的方法。

关键就在于呼吁每一位员工参与创新,并建立有效的系统来收集、评估和实践想法。

几年前，我主持过一个煤矿业的颁奖晚会，是针对提高采矿安全的创新性想法的表彰。每一个被提名的创意都有代表上台来介绍 。很多代表都是真正下井的工人，不是高层管理者，也不是安全委员会的成员。很多想法都是这些井下工人想出来的，他们的公司也很聪明，知道去倾听他们的想法，并将好的想法付诸实践。

很明显，提高采矿安全系数的方法更容易被真正做这个工作的员工想出来，同样关于改善医院、学校、公司的想法也更有可能被其内部员工想到。看到这里，你是不是也会为管理者曾经忘记了内部员工而求助他人感到惋惜。

下文中有一些建立鼓励创新、重视创造力的工作文化的方法。

第七章 怎样让他人思考

创新概念的发展需要时间和金钱的投入，但想出一个想法却不用花费任何东西。坐下来想一想是免费的，这恰恰就是创新的开始——每当有人想出了一个点子。所以说假如一家公司有 100 名员工，让他们全都参与思考，是不是要有效很多？

回忆一下你所有的工作经历。你是否听过管理者对你说下面这段话吗？

思考提高业务水平的方法是你工作中不可或缺的一部分。

或是

你是新人，当然有很多需要学习，但作为新人的优势在于你为公司带来了全新的视角。我们或多或少都有些固化思维，如果你发现任何可以被改善的事情，请告诉我。

如果你的答案是否定的，那么不只你一个人从未听过这样的话。如果你想要创造一个富有创新意识的工作环境，那就必须告诉每一个人，思考是他们工作的一部分。这就是说，每个人的工作除了完成当下的任务，还需要去思考改善的方法，来为五年后做准备。

你应该怎样做？有一些工作岗位,不断创新是工作职能的一部分。例如，一位 CEO 的工作中很重要的一部分就是思考怎样改变才可以让公司发展得更好。但是金字塔底层的员工的工作常常是简单地“完成任务”，而不是去思考怎样能做得更好。

这并不是因为他们无法创新。而是因为从来没有人告诉过他们要去思考改善的办法，更别提跟他们说思考是工作的基本部分了。

很多时候员工不去思考改善业务的原因是他们不觉得这是自己工作的一部分。还有一些时候，他们就算是有想法也不愿意说出来，这是因为从没有人说过他们的想法很重要，而且管理者愿意聆听他们所想。所以与其去分享自己的想法，还不如就让它随风消逝。更多时候他们都有一个共识，就算是尝试去分享并发展自己的想法，也不会有人感兴趣或是有任何改变。

公司的每一位员工都有创新思维以及想出改善方法的能力，重点在于你需要鼓励他们去做，并为他们提供渠道。

阐明这是工作的一部分

你将怎样告诉公司的每一位成员，思考改善的方法是他们工作的一部分?

当然他们日常工作内容是确保公司的运营和维持业务，但也需要投入一些时间来思考是否有改善的方法,以便将现有的工作做得更好。

确保创造力是衡量员工绩效的重要指标。这就是说，将思考改善业务的方法也纳入考核业绩中来，并使其和其他指标一样重要。

创造一项新的关键业绩指标，例如：

每月想出并分享两个提高公司业绩的办法。

你可以自己选择目标，但我建议一个月两个，一年 24 个是比较好的。

好的，这一切听起来都还不错，那么问题来了。你怎样去衡量创新的这个关键业绩指标呢？

重量不重质

我们常说要重质不重量，但在衡量一个人的创新产量时情况恰恰相反。

需要强调的是，创新业绩指标旨在得到并分享一定数量的想法。这并不局限于分享你觉得好的想法。你要求他们每月想出两个想法，而不是想出两个绝佳的想法。目的在于得到尽可能多的想法。如果你跟你的团队说你只想要好想法，那你就会限制他们，他们也可能不会把很多想法告诉你了。也许员工想出一个想法以后会想："不，我不能分享这一个，这还不够好。"

请记住，第一印象不足以判定一个想法是好、绝妙，还是糟糕。很多时候第一感觉不好的想法最终会变成一些值得尝试的创新。

如果你说"我只想听到成熟的想法，并将其立刻实施在公司中"，那你就有可能会错过一些很好的想法了。很多时候人们的灵感会被一些没法解决的困难所打击。需要注意的是，你需要聆听这样的想法，因为其他人也许会指出被忽略的线索，从而使该想法变得可行。

鼓励大家尽可能深入思考自己的想法，但如果在全部想通之前感到厌倦了，这也没关系。你依旧需要去倾听这样的想法，因为它们也是有价值的。所以鼓励你的员工不要对自己的想法要求过高。

需要强调的是，他们不用必须去找能立刻就奏效的办法。任何一个小方面的改善都是可以的，这一点一滴的改变最终会形成质变。

尽可能得到更多的想法。你肯定不希望因为某个人不够自信而错过了他本来还不错的想法。只要你得到了足够多的想法，那就最大化了你得到好创意的机会。

为你的员工化繁为简，强调他们所需要做的只有两件事：

1. 找到提高业务的新方法。

2. 和管理层分享它。

不要将目标设置得太高。就只是让大家尽力去做，然后分享就好。

万事开头难，让员工接受思考和创新是本职工作的一部分是最不容易的，尤其是他们并不习惯这样想。改变总不简单，但随着创新是每个人职责范围一部分的这个想法，慢慢被接受并成为普遍认同的企业文化后，推进创新就变得简单很多，最终成为一件理所当然的事情。

一旦你创建了衡量创新的业绩指标，就要坚持贯彻下去。如果某个人一直都没有达标，找他谈话，要让他对此产生责任心。关于员工绩效的谈话是完全合理的。“你完成了销售额，你的顾客都非常喜欢你，你总能按时完成任务并很好相处。但是，在过去的三个月中你没有想出一个对公司有益的点子，如果每个人都这样做的话，五年后我们会有麻烦的。”

但是，说到这里你也许会想，那也不能为了完成任务就胡想啊。灵感总是来去自由。你不可能到了月底需要完成任务，就可以召唤灵感。

真的是这样吗？事实上，你可以！

截止日期是启发灵感最好的方法。想想你曾看过的最精彩、最有才、最具创造力的电视剧或是电影。很多，几乎全部佳作都是掐着截止日期完成的。创作和修改电影脚本有时间限制，拍摄每一个场面并剪辑成整个电影也有时间限制。

查尔斯•狄更斯（Charles Dickens）连载了很多小说，每一章节都有截稿日期。

我们面对的每一个挑战都有确切的时间限制——写作报告、准备演讲、完成论文、复习考试。在截止日期的两周以前，我们觉得全世界的时间都是自己的。在截止日期的几天前，我们意识到自己拖到太晚以至于没有足够的时间来妥善完成任务。我们很紧张，废寝忘食地努力工作，最终完成。并且这项工作中常常需要很多的创造力。我和广告业的人聊过天，他们需要在交稿日期前灵感喷发。他们的顾客不会说："我们的新车需要一个 30 秒的广告，我知道你们不希望太赶，所以我不会要求任何的截止日期，你想创作多久就创作多久，一个礼拜、一个月、一年，多久都行，到创作出来为止就好。"这是不可能的！他们只会说："我一周后需要这个。"

我以前在做一档电台节目，一周五天，晚上 7 点到 10 点。节目里几乎都是谈话，在我下午到录影棚的时候，一天中大部分的新闻都已经被早先的节目涵盖了。我和我的制作人需要去想新的内容或是新的视角来解读已经被播出的新闻。有时候比较简单，但有时候这件事情会非常难。快到点的时候我们知道要么就赶紧想出有意思的内容，要么就要面对节目中无话可说的直播灾难。但你知道吗？一天又一天，我们就这样平安无事地播了六年，每次都能想出新的内容。想到这些点子并不是因为我多聪明，而是我不得不想出来。

需要软硬兼施地刺激员工创新思考的积极性。软则表现在要鼓励员工思考并分享想法，你为他们设立一个富有挑战、有趣、有创造力、看起来很刺激的目标并放手让他们去做。硬则表现在把创新当作绩效考核的一个衡量指标，他们需要对这些指标一视同仁，为创新负责任。这个指标往往越强硬，就越能刺激创新思维。思考出新想法总不简单，所以积极性很重要。

管理者也需要积极性，所以也需要为他们设立一项绩效考核来评定他们对于鼓励、收集、传递员工想法这一业绩的完成。例如：

你需要负责激发你团队的创造性思维，并收集这些想法，领导初步评估，然后传达给创新委员会。

管理者不仅需要为他的团队的销售业绩负责，也需要为其创新绩效负责。就像有季度销售额指标一样，也需要确定创新想法额。

备忘录 12

创建创新的企业文化

- 将创造力纳入每个人的关键业绩指标。例如：“每月为提高业绩想出两个新办法。”
- 不要将标准定得太高，只要听到好的想法。听到的想法越多越好。
- 截止日期是刺激创造力的有效手段。

第八章 如果你觉得创新重要，请行动上也这样做

如果你相信很多公司的网站、会议上都不停强调的使命宣言和核心价值，你会觉得这些公司都非常重视创新。但很多时候当你深入了解之后，你会觉得很纳闷，虽然他们看起来非常重视创新，却经常在忽略日常工作中显而易见的创新劳动力。

创新大赛

就算是有的公司说自己多么重视创新，也常常将创新视为附加品，就像是蛋糕上的糖霜而不是蛋糕本身。例如，他们可能会举办为期一个月的创新大赛，让员工提交关于提高公司业绩的方法，并给想到最

好想法的人颁奖。但活动结束以后一切又恢复正常，这就给员工传递了一种信息——创新只是附加的，而不是核心工作。

创新应该是一直去做的事情，而不是一年只有一个月需要考虑。如果你觉得创新很重要，那就这样去做。不要误导你的员工，说这只是偶尔需要关注的事情。公司不会在销售旺季去举办创新大赛，因为每个人都知道那时候的工作重点是销售。

虽然举办创新大赛好过一事不做。但这总是不如将创新融入日常工作要来得好。

告诉员工你想要他们做什么

鼓励和命令是截然不同的。鼓励没有那么强硬。你只是说："创新是很重要的。我对我们的创新性思维感到骄傲，也希望将创新思维运用在工作的方方面面。我们公司的每一位员工都应该不停地寻找改变的方法。"

这听起来很好，大多数员工听到这个之后都会想："嗯！就要这样做！"但这并没有告诉任何人想要创新需要如何去做。所以当他们回到办公桌或是任何工作岗位后，由于不知道应该怎样做，所以还是不会有任何改变。

不要只是泛泛提及创新的重要性。告诉大家怎么做。如果你想要创建创新的企业文化（或任何一种企业文化），你必须很明确地告诉大家你希望别人怎么做出改变，因为命令比鼓励更有用。

这在大部分领域都可以通用。你可以告诉孩子为什么刷牙很重要（鼓励），但奏效的方法是给他们一个简单明确的指令："早上吃饭早饭和晚上上床睡觉前各刷一分钟的牙齿。"或者是下其他指令，我不是牙医，并不清楚具体应该是怎样。

如果你想要创建更具创造力的企业文化，你又需要大家怎样做呢？

- 如第七章所讲，让每个人每月都提出关于提高业绩的提案。
- 让他们每周都花些时间思考是否有创新的机会。让他们细心观察并记下来所见到的不完美的地方，并思考是否有改善的方法。
- 要求他们每天花十分钟思考如何利用发现的机会。
- 建议大家对每件事存有疑惑，想一想是否还有更好的方法。
- 问问大家对于公司、顾客、市场、竞争者都心存什么样的假设。要求他们去质疑这些假设。
- 鼓励员工站在消费者的立场思考。问问自己“怎样让消费者的生活变得更轻松”。
- 让他们尽可能地发展自己的想法，直到可以去推销它。
- 不要让他们对自己的想法太过苛责。只是要求他们有想法，但不必是好想法。
- 在想法碰到瓶颈的时候需要合作。
- 不断地从各个方面提醒员工创新的重要性。例如：

——在会议中提及；

——不定期地群发邮件“今天你有没有花十分钟思考提高业绩的办法？如果没有，现在就想想吧”；

——在办公室张贴海报，提醒大家需要做什么。

可以考虑建立一个“创新时间”，每周固定一个时间让大家坐在一起思考完善新想法。你可能听过说有些公司可以在上班时间花一些时间思考自己的项目。谷歌公司就这样做，他们允许员工一周中花一天做自己的项目，并说在这段时间想出的想法很多都造就了全公司“最大的进步”。

你不用做这么多，花费 20% 的上班时间让员工思考，可能一周一小时或是半小时就可以。这里有一些这样做的益处：

- 员工可能会想出并完善、分享一些可以改善你的业务并为公司省钱的想法。
- 管理层会给员工一个信息，告诉他们公司确实在这么做，而不是说说而已。
- 通过每周的创新时间，员工会养成独立思考的习惯，会挑战权威，并自主完善自己的想法。这可能会带来一些副产品。一旦员工形成了这样的思维习惯，那他的创新性思维就不会只局限在每周一小时，而是无时无刻不在思考如何利用发现的机会。

如果你真的将创新时间付诸实践了，你怎样保证每一位员工都确实去思考了呢？说一句“你们所有人每周都需要花半小时去思考怎样提高业务”不难。每个人都会大声同意，跃跃欲试，但最终还是会去做他认为更重要的工作。

“这个方法妙极了！”他这样解释：“只是我这周太忙了，实在没时间去做。”他确实是这么想的。但问题是他们每天都很忙，所以创新就这样一直被拖延下去。

如果你下定决心要让创新思维融入公司中去：

1. 如第七章所言，将创新纳入核心业绩衡量标准。如果员工知道他们必须为自己的创新产出负责，那他们就会更愿意花时间去思考创新。

2. 使创新时间制度化。让每个人都确定下来花在创新的一个小时，记在日程本里面，和其他日程一样不容改变。

你给予了多少指导

在鼓励员工创新思维的时候，你一则可以让他们尽情发散思维，二则可以让他们按照你规定的方向去思考。也许你有一些特定的领域希望员工去思考。可能你觉得销售部门做得很好，但市场部门的观念有点陈旧，所以你希望每个人都可以为提高市场部门的业务献计献策。几个月后可能再换一个方向，这样重复下去。

一种情况是，你可能希望市场部的员工着重思考市场部的问题，销售部的员工着重思考销售部。另一种情况是，你可能希望可以交换思考，市场部思考销售部的问题，销售部思考市场的问题，从而得到新鲜的想法。这些方法都可以试一试，从而发现哪种最有用。

如果某位员工说“不行，我做不到”，怎么办？

有时候人们太过于依赖自己的习惯，并对改变缺乏自信，从而觉得自己没有创新思维的能力。

事实并不如此。

诚然，尺有所长寸有所短，有的人擅长探索新发现，想出新点子，但极少有人完全没有想出点子的能力。

万事开头难，一般而言事情都是越做越顺。一旦想出了第一个办法，第二个就会容易很多。所以说多鼓励你的团队，不要给他们太大压力，告诉他们想出的点子不用特别好，甚至糟糕透顶都没关系，只要是个办法就行。提醒他们，创新是工作的一部分，当他们想出办法以后表扬他。

备忘录 13

创建富有创新意识的工作氛围

- 不要视创新为额外的工作，要将其融入日常工作中。
- 清楚地告诉员工你想让他做什么。不时地提醒他们一些实际可操作的事情，以此来让他们变得更具创新能力。
- 考虑建立“创新思考时间”。
- 确定你想要员工着重思考哪些方面。
- 认为自己不能创新的人只是缺乏自信，而不是能力不行。

第九章　重视创意

当有人有灵感的时候，管理者的反应至关重要。如果管理者对这名员工和他的想法都非常尊重，那他会更有可能继续思考，并分享更多的创意。

想一想这其中蕴含的心理学常识。当一个人开始创新思考的时候，他会面临很多困难，会对自己的能力有所怀疑，当他想出了灵感之后，会觉得有些骄傲，有些欣喜，同时又有点紧张，有点忐忑。他不知道自己的想法是不是够好，所以很期待看看自己的想法会被怎样对待。

所以那时的他是很脆弱的，请宽容对待。不论那个想法是好是坏，都请感谢他为此付出的努力以及分享这个创意的勇气。

确保他的创意受到重视。如果他第一次分享的经历很顺利，他很有可能还会回来分享更多的创意。而且下一个可能会非常有价值。如果他第一次的经历很糟糕，那他可能再也不愿意回来继续分享自己的想法。

亲自去讲你的创意，不要发邮件

上文我讲过当一个公司想要着手开始创新的时候，需要要求员工通过邮件的形式上交他们的创意，例如一个新的广告策划。这对于想要收到一个时间比较紧张的特定策划案是好办法，但如果想要设定一种定期收到创意的渠道，当面讲会好很多。

很多公司会要求员工将创意上交至特定的电子邮件，例如 ideas@ourorganisation.com。这就如同一个电子版的意见箱。

我不喜欢这方法，太不人性化。通常人们都不知道谁会去评价他们的想法。如果你认为创新重要，就请重视它，请员工向某人当面讲，而不是发给一个邮箱。

管理者应该每周空出半小时到一小时的时间，并告知员工："每个周三下午三点到四点之间，你们都可以来找我。我不会有任何预约，不会打电话，我会坐在办公桌前，所以任何人进来给我讲他的创意，我都会聚精会神地听。但如果谁都不来，我会觉得很难过。"

通过这样的承诺（当然行动上也要做到），管理者发出了一个强有力的信号——他认为创新很重要。成本只是一周半小时或一小时，但如果你得到了一个相当好的意见，那就是值得的。

面对面的介绍创意有很多的好处。如果讲述的人不是很确定，管理者可以帮助他梳理思路，并可以问他们没想到的问题。最重要的是，在结束后管理者可以确定对方拥有一次良好的体验，并感到受到了足够重视。

如果你觉得这个方法太过于感性，回忆一下你的目标：尽可能多地接触到所有的创意。你接触得越多就越有可能碰到那个能够显著改善现状的方法。员工有了良好的体验，就更有动力思考并给你更多的创意。但另一方面，如果该员工的体验很不好，他可能下一次就更不想来分享他的创意，还会阻止其他员工来分享。

如果你在怀疑这将会花费你多长时间，我们可以算一算：讲述时间应控制在一两分钟，或只有几百个字。如果你手下有十个人，并且每个人的业绩衡量标准都规定为一个月想两个创意，这意味着你每个月要听二十个创意。如果你规定每个创意演讲时间为两分钟，讨论和评价时间为五分钟，一个月中只会占用两小时二十分钟，或是一天五到七分钟。

要求演讲者在介绍中涵盖几下几点内容：

- 你所解决的问题或者看到的机会是什么？
- 你的创意是做什么的？又将如何解决上面的问题？
- 它将如何改善现状？较成本而言，是否会带来更大的利益或节约更多的金钱？

感谢那些带来糟糕创意的人

如果有人给你讲了一个特别糟糕的创意怎么办？可以嘲笑他吗？肯定不行！

无论什么时候有人给你介绍他的创意，都要温和地接受，不要太快就下定论。人们如同对待自己的孩子一样对待他们的灵感。他们为其感到骄傲，又为它的将来担忧，尽自己所能地保护它，同时对批评它的人充满敌意。

所以请妥善对待。

当有人向你讲述他的创意的时候，问问他如果想要将此创意推进的话，下一步需要做什么。如果该想法有缺点，不要立刻踢走它。问问这名员工是否也想到了这个问题，并想到了解决的办法。如果有，约个时间再谈谈看。也许他需要和其他人合作。如果确实如此，应该加以正确的引导。

不要期待第一次演讲就遇到完美的想法。着眼于有发展潜力的创意。

如果有个人给你讲的创意特别糟糕，先谢谢他的努力，并肯定他分享的勇气，然后将你的评价保留一两天，再想一想。你确定这个创意需要被淘汰吗？还有任何改进的可能吗？如果用在别处会有实现的价值吗？

如果你确定了该创意确实没用，那就和这名员工实话实说。指出问题，并邀请他想一想解决的办法，或是重新再想一个出来。

又回到了对于成功和失败的认识这个问题上来。从无用的创意中挑拣有用的想法是不可避免的，所以每次当你又听到了不好的想法的时候，可以安慰自己“太棒了！我又离成功近了一步”。

你听到的创意越多，你得到有用的创意的机会就越大。如果有很多人都来给你介绍他们的创意，那这件事本身就是一种成功。

任何给你介绍糟糕创意的人都没有失败。他们的方向是对的。反而是那些不屑于想出创意的人，他们倒是失败了。

请确保感谢团队中每一个给你介绍创意的人的努力，就算这个创意不成熟。你不用出于礼貌去这么做，这是对自己好的方法。如果人们觉得自己的付出被重视，他就更有可能去加倍努力。

备忘录
14

重视他人的创意

- 人们分享新创意的时候很不安，所以请宽容对待。
- 让员工当面介绍而不是发邮件。
- 感谢提供糟糕创意的人，因为他可能下一次就提供好创意了。
- 得到的创意越多，就越有可能得到好的那个。

第十章 使用创意

当你从员工那里收集到了创意，你将怎么做？你需要打造一种可以筛选出对公司有益的创意的方法，然后实践这些想法。

当一个公司对创新感兴趣并举办创新大赛，鼓励所有人献计献策时，很多时候都忽略了收尾工作。如果有 112 个关于提高业务的办法上交，将会发生什么？谁负责评估这些创意并推进好的想法？用于衡量哪个创意值得更进一步的标准是什么？ 112 个想法中哪些应有更进一步发展？怎样进一步发展？又有多少预算？

就算是有很多资源的大型企业，也会为此发愁。他们会举行比赛，收集到所有的创意都交由格雷处理后续工作。没有人知道这将会花费多长时间，格雷本身就已经很忙了，所以他没办法抽身对这个评比全力以赴。几个月以后有人会问：“嘿，格雷，大赛结果怎么样啦？”

格雷回答："嗯，对啊，对啊，我尽快去看看。"

提交方案的那 112 个人也会纳闷为什么迟迟没有回复，交的方案都去哪儿了？他们就会怀疑为什么花了那么久时间来思考的关于公司提高业务的方案却无人问津。最终这些人会变得愤世嫉俗，并暗暗发誓下次如果有人再让他们去思考类似的东西，绝不参加。

人们不会因为自己的想法没有被采纳而不参加。只要你给他们清楚的反馈，让他们知道为什么他们的想法未被采纳，大部分人会理解并继续努力的。

相反，如果他们觉得整件事都在浪费时间，公司没有履行后续的承诺，他们的努力没有被肯定和尊重，那么大多会选择放弃。

如果没有善始善终，那么激发员工的创造力是毫无益处的。想要做到善始善终，需要评估所有的创意并识别出有价值的想法，然后小范围实验，最终付诸实践。

这是费时费力的，但一旦你找出了一两个好的办法，就会带来非常可观的回报。

那当你从员工那里收集到了创意，下一步你将会干什么呢？

建立流程

当你开始着眼于创新时，不要只关注开头，还需要琢磨如何将这件事情从头到尾做完整，收集所有的想法并筛选出最佳方案用于实践。所以建立一个透明、公正、可靠的筛选流程就显得尤为重要。

第一件事就是确定一旦创意被选中，下一步是什么？

在小公司，筛选事宜一般会由公司老板负责，他会负责评估方案的优点并决定是否值得下一步工序。

那大型公司怎么办呢？是基层领导先初步判定，然后交给上层审核，还是基层就有独立的决定权？

如果所有的方案都由一个人来做后续工作，那这个人是否有足够的时间来做额外的工作？或者说他是否有这样的心理准备来做这些额外的工作？一段时间后此人是否会拖延审理这些方案而去处理更加紧急的工作？尝试建立一个系统来保证按时完成评估。或许你需要加上时间限制——例如，要求最终结果在收到后的五个工作日内上交。

如果方案都提交给了委员会进行审理，那就需要保证委员会定期见面，而且规模不是太大。

个人或是委员会收到方案后的审理工作是否有确定的流程？是有一个书面的介绍用于评估，还是想出方案的人亲自来介绍？书面介绍可能会快捷一些，但不便于委员会和方案提出者进行交流。

在你深入评估某方案之前，先大体浏览一下全部的提案。有没有关于相同问题的方案？是否有重复或是相似的提案？如果有，将它们分为一类并一起评估。也许你会发现一个好的方案是混合了提案Ａ、提案Ｂ、提案Ｃ的。

进行后续评估的入围标准又是什么？可能如下文所言：

委员会评选的三个月度最佳方案将会进入下一轮评估，并进行时间和价值 500 美元的投资。委员会会对该方案进行下一步的评估，审定该方案进一步发展的前景，看看是否足够充分。

或是：

任何评委会认为有可能提高公司业绩或完善日常运营的方案，将会进入下一步审定，并在评委会认为合理且不超年度预算的基础上进行推广实验。

第一个简单地将标准定为一月中最好的那三个。第二个则设立了两个标准（1）该方案很有机会提高公司业绩，（2）易于采纳。所以如果一个提案看似很有可能提高公司业绩却上马成本很高，则满足第一个标准却不满足第二个标准。

确保你制定了明确的测试，来保证其一致性和透明度。

明确你有哪些选项可选，并保证不是过多。简单一些就好，可能三个就够。

1. 驳回提案。

2. 向高层推荐该提案。

3. 送回原作者请他改进一些地方。例如，“我们觉得你的想法很有潜力，却不知道如何付诸实践，你可以进一步介绍一下吗？和克瑞斯合作或许有帮助”。

向高层推荐的提案

如果你的选择是向高层推荐这个方案，想让它走得更远，下一步该怎么办？

1. 看看想要发展该方案还需要做什么。尝试小范围低成本地推进此方案。如果你对于发展方案有预算，好好想想怎样最有效地使用预算。如果你决定了去推进五个想法，一小步一小步尝试。每一步都看看结果是否值得投入更多的时间和金钱。小步推进并持续评估。

2. 寻找合作的机会。其他人可能可以帮助你推进该方案。想一想该方案需要哪些专业知识，公司里谁能提供这样的专业知识。然后找到那个人看看该方案，问问他能做什么。如果创新是每个人的核心业务衡量标准，那与他人合作发展他的想法就不是做了多余的事情，而是本职工作。在年终审核的时候，和两三个人合作完成方案会为其增分，就像超额完成销售任务一样。

3. 给每个项目一些紧迫感。想出发展该想法的下一步是什么，然后设定一个截止时间来完成。

4. 让提案者参与其中。让他们知道到了哪一步，下一步又是什么。如果将他们蒙在鼓里，容易使他们产生愤懑心情，不愿继续提供方案。而且他们会比任何人都了解自己的提案，所以在发展方案的过程中会很有用。

5. 流程中责任划分清晰。不要架空时间限制和成果限制。例如，“这看起来是个很好的想法而且很有潜力。还需要更进一步的发展”。这一类的评语没有用。如果判定一个想法有潜力，判定者就需要说明后续工作是什么，什么时间完成，谁负责。

关于谁负责这个问题，是评委会的委员、方案的提出者，还是其他人？抑或是提案人和评委会成员一同负责？找到答案后，确保清楚明了地告诉大家。

在大型公司里，想清楚做决定是分权还是集权。你希望管理者个人有权力管理自己团队的想法和预算，还是所有的想法都上交给评委会统一负责？

被淘汰的提案

被淘汰的提案将会何去何从？

有两种被淘汰的可能：一种是毫无用处；另一种是当下没有用，但如果解决了一些问题后，还是有发展的可能的。

如果某个人的想法被淘汰了，关键是要尽早让这人知道。不要让他蒙在鼓里，如果他觉得自己的提案石沉大海，再也没有回应，会失去自信并有损士气。

同样的，当面反馈也优于邮件告知。这只需要几分钟而已。给他们诚实但不是那么严苛的反馈。告诉他你喜欢他提案中的哪一点，又有哪些不足的地方。解释为什么淘汰了这个方案，并邀请他再提交新的方案。最重要的是感谢他分享了这个方案。这个看似简单的事情却会带来很大的影响。

如果你觉得该方案有不足之处，但如果解决了就会有发展潜力，分享你的看法并邀请这个人提供新的方案。推荐他可以合作的人。

当面解释会比邮件告知好得多，但如果不得不发邮件通知，务必写得具体且私人化一些。不要只是发一个正式通知。清楚阐明为什么该方案面临淘汰。不过这么做耗时和当面通知一样多，何不面对面说呢？如果你觉得创新很重要，就要在行动上也重视创新。将这些时间视为对以后获得更好想法的一种投资。

承诺

如果你在小公司工作，那整个流程可能就不是那么正式，但不要虎头蛇尾。承诺每两周回顾一下新提交的方案，并决定哪一个值得进一步发展，以及下一步是什么。确定你反馈了意见和赞美。如果做不到这些可能就不会再有新方案提出了。

中大型企业对于创新的投资可能就是让某位上层管理者接管创新事务，并正式规定投入的时间。例如，将 20% 的工作时间投入创新事宜（甚至 40% 或 60%）。这个人将会负责一切有关事宜，包括收集、筛选、审核、实验和最终实践。

如果一家公司有 10 个合伙人或是管理者，那就是一周有 50 天的管理时间。那这 50 天中你承诺用多长时间来创新。如果其中一人一周投入两个工作日来负责此事宜，那就是 2/50，也就是 4% 的工作时间。这是最佳时间分配吗？会不会太多或是太少？这都是值得商榷的，但对于这项决定的测试是做而不是说。

找到每个提案的终点

这一切的目标都是确定每一个提案的终点。涉及最终决策事宜的相关人员应该搞清楚所有见到听到的提案的终点在哪里。例如："提案 A 没有通过审核，因为实践的成本太高，提案 B 进行了实验，但我们觉得没有达到预期的收益率，提案 C 通过了实验并且现在正在进行公司范围的推广。"

备忘录 15

使用想法

- 制定一个清晰的流程来评估提案。弄清到底如何工作。
- 投入足够的时间和金钱发展提案，从而找出每个提案的终点。
- 当提案通过，就不要让它消失了，确定一个负责人在规定时间内完成后续事宜。
- 让提案者参与其中，让他知道每一个进程。
- 考虑确定专人负责创新事宜。

第十一章 从基层找答案

当领导者想要一个新的市场推广方案，或一个新的策划案、新想法来提高销售额减少成本，或一条新的标语，他们为什么不选择从最了解公司的人——公司员工那里寻找答案？

对于各种规模的公司，从基层找答案都会获益良多。如果有需要解决的问题或是需要策划的方案，第一步都应该是找到尽可能多的提案，然后再确定哪一个最好。和那些在公司工作的人相比，谁是更好的人选呢？

设想两个企业，一家餐馆和一家电子商品零售商，两者都面临销售下滑，需要新的生命力注入。两者都可以通过问问公司的员工想法受益。这么做不需要很多的资源，只需要群发一封邮件就可以了：

我们如今需要扩大规模赢得更多的消费者，如果你愿意腾出一些

时间，为公司想一想达到这一目的的方法，公司将不胜感激。

请思考一下并提交你的方案。如果你想不出任何方法，那请你想一想公司面临的问题有哪些？哪部分做得不够好？哪个领域我们还有待改善？系统的哪一步不够有效？哪些方法可以刺激我们的顾客？请在这个月末与你的上司分享你的看法或是直接发邮件给我。谢谢你的合作。

我之前提过最好的办法是当面介绍自己的提案，但想要在短时间内收集到大量的提案还是怎么方便就怎么来好。他们可以当面介绍，可以发邮件，甚至写在三明治的包装纸背面提交都可以。

也可以加入一些额外的奖励，例如最佳方案可以拿到奖金。但对于将创新视为核心的企业文化，这种做法并不推荐。

最坏的情况不过是没有收到可用的提案，但就算如此，管理层也发出了一个清楚的信息：创新是每个人的工作。

最好的情况是公司确实收到了一些很好的提案，可以扭转乾坤。最好的方案不是总来源于高层。基层工作人员对于不对的地方总是有很好的看法。他们知道消费者在想什么，什么拖住了后腿，系统哪里笨拙低效，因为他们每天都在做实际工作。管理者很难对每件事都有清晰的见解，但员工可以。管理者应该给他们机会来表达自己的意见。

好的领导者并不只是单纯有想法并做决定，还需要放权给他人做同样的事情，并创造一个氛围鼓励每个人去这么做。某个层级以下的员工没法想出有助于公司的点子是很愚蠢的想法。

如果你想要创建一种创新的工作环境，那就需要勇于邀请基层员工出谋划策，并积极采纳他们的建议。决定前如果有很多的选项就更有可能做出对的决定。当然没有人想要增加工作量，但如果你请员工思考一个新的商业策划，有50个员工回复你，浏览这些回复将有助于你做更好的决策。就算这些观点你都不认同，浏览这些回复的过程也会让你对自己的观点更加肯定。

如果一家公司不向员工收集提案，那它就离淘汰不远了。

如果你决定要这样做，请记着向每一位提交方案的员工发一封感谢信。让每个人知道你最终的决定是什么，并告诉大家你为什么做这样的决定。每个参与者都应该被感谢。

抓住一切机会从员工那里收集想法。例如，绩效考核包括该部门对其员工的评价。为什么不换个角度，让员工评价一下该部门呢？让每个员工都为提高该部门的业绩提提意见。找出该部门哪里让他觉得挫败，哪一个系统或是流程很烦琐、效率不高又浪费时间，哪里给他们的工作增加了难度，又有哪个策略让他们觉得被误导。尽你所能地频繁收集这些信息。

寻找其中的规律，如果10个人中有6个人都反馈说会开得太多又不是很有用，可能这就是问题所在了。最起码你应该看看这些会的主题都是什么。

同样，在有人离开公司时，不论是自愿还不是自愿的，都问问他们觉得公司哪里做得不好。这是一个绝佳的机会，可以听到毫无保留且诚实的想法，不要浪费。

最后，请记住有时候想法会被封锁，下面是一些常见的障碍：

- **障碍1：** 人们不觉得取得创新的想法是自己的工作。

  解决办法：告诉每个人创新是他们工作的一部分，制定核心业务指标，让他们为其负责。

- **障碍2：** 人们有想法但不愿分享。

解决办法：频繁有力地告诉他们，你需要并很重视他们的想法，及时反馈并感谢他们分享。按流程找到每个想法的终点。

- **障碍 3：** 人们和管理层分享自己的意见，但没有一个被推进。

解决办法：建立一个清晰可行的评价流程，淘汰并测验提案，确保最佳方案最终投入使用。确保有足够的资源支持并明确责任划分。

备忘录 16

向基层寻找答案

- 当你需要做重要决定时，向基层员工收集想法。
- 请员工反馈公司哪里好，又有哪里不尽如人意。
- 找到创新途中的障碍物并清除它。

结语 创新之旅

我的上司曾经给我分配了一个任务，我非常努力地完成了它，但有一点我不是很明白。我走进他的办公室告诉他我的困惑并请他向我解释一下。

“不行。”他回答我。

“好吧，”我说，然后反问他，“问什么不行呢？”

“因为你还没好好想想。”

“没有啊，我都绞尽脑汁了。”

“那就再多想想看看。”他说。

我回到自己的办公室，觉得有点懊恼。然后又开始思考我不明白的地方，我想了一遍又一遍，终于我想通了。我意识到自己并没有尽全力就放弃了，转而求助于上司，他做的对，并没有授之以鱼而是鼓励我再试试看，激发自己的智慧。

那件事让我学到了宝贵的两件事情。一是我们觉得自己已经尽力了，事实上并没有那么尽力地去动脑子。二是如果我们可以退一步然后用心想一想，我们就能够解决大部分的问题。

创新并不简单，但这绝不是一个只属于智者的游戏。当面对创新或是其他事情时，聪明才智被高估，而坚持和努力却被低估了。

很多时候我强调创新很重要，因为有益于工作，但还有另一个原因，创新是自己的一场冒险。

正是因为很多人类的创新之举，让我们现在的生活较以前而言舒适很多也安全很多。这很好，但也许有一个问题就是我们更难去探索、去冒险了。很久以前人类必须出门狩猎，每一天都是一场探险，而如今生活更多的是一成不变。

但每一次创新都是一场探险，思维世界里的冒险。开始于一个灵感，然后进入现实世界，看看自己能走多远。其中充满了不确定性和挑战，它并不简单，但刺激从不无聊且有益身心。

创新于公有很多的好处，于私也是一样。我希望你们每个人都能开启一段创新之旅。

备注

在创作此书时，我借鉴了我的博客中近几年发表的很多文章和状态，以及我之前的演讲稿。其他资源如下。

前言

关于《发明家》这一电视节目的信息源于“澳大利亚荧屏”的官方网站。

本书中取自《新发明家》的一切人物和故事的素材均来源于以下三个方面：我个人的记忆，我的笔记和节目官网。该网站至今还在（至少本书出版的时候还在），里面有很多创新者的发明创造，如果感兴趣，可以登录该网站浏览。

介绍

请自行上网搜索有关创新、发明、创新者和发明家的定义。

第一章

我在 2012 年 8 月 16 日墨尔本举办的澳大利亚钱伯斯商业论坛上听过罗莎贝司·莫斯·凯特（Rosabeth Moss Kantor）教授有关惯性思维的讲座。

对每件事都心存疑虑

关于苏维尔·米施坦尼的故事，可以通过以下搜索找到：

“India teen tells US how to save $400 million by changing font”（印度男孩通过改变打印字体帮助美国节省了 4 亿美元）

来源：印度教徒报

“Suvir Mirchandani tells US government how to save £240m-just by changing their font”（简单的改变字体就能节省 2.4 亿英镑）

来源：独立报

你都做了哪些假设

关于加拿大航空和 IBM 公司合作的案例可通过以下搜索找到：

“Air Canada rouge soars ahead with wireless in-flight entertainment service”（加拿大航空引领无线机上娱乐新风尚）

来源：IBM

答案是否就在你的数据库中

关于塔科马港市动物园的咨询可通过以下搜索找到：

“How a Tacoma Zoo Improved Staffing, Visitor Experience with Big Data”（塔科马港动物园如何运用大数据来研究游客体验和员工安置）

来源：Building a Smarter Planet（建立智慧地球）

辛辛那提动物园游客花销的记录取自以下材料：

“Business Intelligence Helps the Cincinnati Zoo Work Smarter”（商业智能令辛辛那提动物园更加精明）

来源：Essentials of Management Information Systems 11th edn（信息管理系统的基本要素，第 11 版）第十一章第四个案例，作者 Kenneth C. Laudon and Jane P. Laudon

Upworthy 公司关于读者的分析可通过以下搜索找到：

"How Upworthy is using data to move beyond clickbait and curation"（Upworty 公司如何通过大数据研究获得点击率）

来源：NiemanLab

我通过参加由澳大利亚创新大赛冠军约翰（John O'Brien）组织的"澳大利亚绿色科技大赛"（之后改名为《澳大利亚科技大赛》）了解到了 enLighten 公司的故事。

与顾客换位思考

我第一次是通过马克（Mick Luibinskis，企业家兼演讲家）听到了肉食公园的故事。同时你可以通过 thinkwithgoogle 网站了解更多信息。

未雨绸缪

关于机上烟灰缸的故事可通过以下搜索找到：

"Why Airplanes Still Have Ashtrays in the Bathrooms"（为什么飞机上厕所仍然有烟灰缸？）

来源：Gizmodo

"Why aeroplanes still have ashtrays in the bathroom"（为什么飞机的厕所里仍然装有烟灰缸？）

来源：Business Insider Australia（澳大利亚商业内幕网）

"If You Cant's Smoke on Planes, Why Are There Still Ashtrays?"（如果不允许在机上抽烟，为什么还要设置烟灰缸？）

来源：Mental Floss（心理牙线网站）

感到无聊

Sandi Mann 博士和 Rebekah Cadman 博士关于无聊和创造力的研究来源如下：

"Does Being Bored Make Us More Creatice?"（无聊的感觉会带来更多的创造力吗？）

来源：Creatirity Research Journal（创造力研究杂志），第 26 期，第 2 篇，2014

第三章

让想法尽可能便宜快捷地被验证失败这种说法由来已久。我第一次是听企业家、演讲家马克（Mick Luibinskis）说的。

WD-40 来源如下：

"John S.Barry, Main Force Behind WD-40, Dies at 84"（约翰·巴里，WD-40 背后的主要力量，享年 84 岁）

来源：纽约时报

第四章

这部分的一些案例可以从我的另一本书 *a Complete Guide to Public Speaking*（《嗯……公众演讲指南》）中找到，这些案例源于我指导的很多演讲研讨会。

第五章

这部分的内容可从我的另一本书 *How to Balance Your Life*（《怎样平衡你的生活和工作》）中找到。

第七章

关于谷歌公司 20% 的创新时间案例可从以下链接找到：

“Google’s staff now too busy for 20% time off peak，claim former employees”（谷歌员工如今都忙着使用那 20% 的创新时间）

来源：澳大利亚日报

“Google’s Best New Innovation：Rules Around ‘20% Time’”（谷歌最成功的发明：20% 的创新时间）

来源：福布斯

“Google’s ‘20 percent time’ in action”（谷歌 20% 时间计划已开始实施）

来源：谷歌官方博客

鸣谢

琳恩（Leanne Christie）的鼓励让我完成了这本书。她坚持劝我写作这本书，我不答应就不罢休。她慷慨地给我提了很多好的意见。谢谢你，谢谢每一个人！尤其是帮我想出了这么多贴切案例的 Heidi Gregory，Lauren Kelly，Julie Winterbottom 还有 Fiona Pascoe。

还要感谢 Phil Ryan 和我的父亲 Graham，感谢你俩认真阅读我的初稿并给我那么多宝贵的意见（而且这些意见没有让我难过得掉眼泪）。他们的大部分意见都被采纳了。

当然还要感谢 Wiley 出版社的编辑 Lucy Raymond 接受了我的这本书并给予我很多好的建议。谢谢 Jem Bates 帮我编辑了手写稿，他的每一条修改意见都无比精妙和有见地，毫无疑问为这本书增色不少。

还有你，Matthew Martin！封面插图表现为一个已经完成的创新，展现创新的过程不易，但是你做到了！

Colin James 帮助我将创新的想法修饰得更好，并引导我向希望的方向迈进。他似乎一直都知道正确的方向在哪里。

谢谢 Lisa McInnes-Smith 和 Dan Gregory 的建议，还要感谢我的得力助手 Andrew Taylor 这么多年的努力工作。

当然还有 ABC 电视台这八年来一直推进的《新发明家》节目，感谢他们一直让我来担任主持。谢谢所有幕后人员的帮助，尤其是 Pascal Adolphe 和 Stewart Burchmore 在这八年间不离不弃。还有节目邀请来的评审，不仅打开了我的眼界，还让我获得了友谊。

感谢 John O'Brien 让我有机会和澳大利亚绿色技术大赛合作。他是当之无愧的大赛冠军。

谢谢在过去与我合作过的机构和公司。

当然最应该感谢的是这些我曾经遇到过的发明家和创新者，从你们身上我学到了很多。这是我的荣幸，可以见证你们开拓的思想探索未知世界的巨大勇气。向你们致敬！

最后还要感谢我的妻子 Lucy 还有我可爱的孩子们——Bibi，Nina 还有 Lily。也向你们敬个礼！